鸣　谢

国家自然科学基金项目：

干湿循环条件下煤系土强度特性及边坡致灾风险分析（51568022）

煤系软岩力学特性及其边坡失稳机理宏细观研究（52068053）

高压缩性土层段隧道洞口围岩与管棚相互作用及仰坡失稳机制研究（52068033）

江西省自然科学基金重点项目：

基于高铁路基蠕滑特征的新型耦合抗滑结构研究（20202ACB202005）

江西省和湖北省教育厅科技计划项目：

赣西南地区膨胀土夹含煤颗粒特殊土质高边坡失稳机理研究（GJJ161101）

鄂东大别山地区岩质边坡原生态恢复技术研究（203201920903）

联合公关项目：

围桩-土耦合抗滑桩技术推广应用研究（2021-05）

微型桩应用于滑坡治理的技术经济研究（2022-10）

软弱岩土体与结构相互作用效应研究（2015C0067）

爆破荷载作用下煤系地层边坡的稳定性研究（2015C0005）

全强风化千枚岩路堑高边坡在降雨条件下变形破坏机理及预测预警研究（2018H0012）

煤系土浅层边坡失稳机理与新型GFRP锚网植被防护研究

郑明新　黄钢　张鸿　荣耀　胡红萍　著

西南交通大学出版社

·成　都·

图书在版编目（ＣＩＰ）数据

煤系土浅层边坡失稳机理与新型 GFRP 锚网植被防护研究 / 郑明新等著. —成都：西南交通大学出版社，2023.6
ISBN 978-7-5643-9343-4

Ⅰ. ①煤… Ⅱ. ①郑… Ⅲ. ①边坡稳定性 – 关系 – 锚固 – 研究 Ⅳ. ①TV698.2②TV223.3

中国国家版本馆 CIP 数据核字（2023）第 109324 号

Meixi Tu Qianceng Bianpo Shiwen Jili yu Xinxing GFRP Maowang Zhibei Fanghu Yanjiu
煤系土浅层边坡失稳机理与新型 GFRP 锚网植被防护研究

郑明新　黄钢　张鸿　荣耀　胡红萍　　著

责任编辑	姜锡伟
封面设计	GT 工作室

出版发行	西南交通大学出版社 （四川省成都市金牛区二环路北一段 111 号 西南交通大学创新大厦 21 楼）
邮政编码	610031
发行部电话	028-87600564　028-87600533
网址	http://www.xnjdcbs.com
印刷	成都蜀通印务有限责任公司

成品尺寸	185 mm × 260 mm
印张	13.5
字数	302 千
版次	2023 年 6 月第 1 版
印次	2023 年 6 月第 1 次
书号	ISBN 978-7-5643-9343-4
定价	80.00 元

内容简介

本书针对工程边坡开挖导致煤系土地层边坡暴露，在干湿交替和大气降水作用下出现煤系土浅层边坡滑移现象，通过现场调研并采集土样开展饱和-非饱和土及干湿循环力学特征研究，进一步通过模型试验和三维仿真细观计算分析了煤系土浅层边坡滑移机理；研发了煤系土边坡玻璃纤维增强塑料（GFRP）锚网+植被绿色防护新技术，探讨了适于锚网植被绿色防护的新型锚杆材料，研制出了煤系土生态稳固基材，培育出了适合煤系土生长的草本和灌木；创建了煤系土 GFRP 锚网植被边坡绿色防护计算理论，实现了防护材料和植物根系"此消彼长"的绿色环保目的，有效解决了煤系土边坡遇水滑坍的技术难题；通过煤系土边坡失稳机理宏细观理论创新研究与新型绿色防护技术研发，提出了一套煤系土边坡新型 GFRP 锚网+植被绿色防护设计方法，并编写了煤系土 GFRP 锚网植被边坡绿色防护设计要点。

本书是作者从事边坡防护多年研究成果的总结，包含了煤系土定义与煤系土边坡变形破坏机理、GFRP 锚网+植被绿色防护结构的构思、锚网受力退化和植物固土增强作用的理论分析、模型试验、数值模拟和新型结构设计计算理论等。

本书可供铁道、公路交通、水利、地矿、建筑等部门的工程技术人员和研究人员，也可供有关院校岩土工程、工程地质、铁道工程等专业大学生和研究生使用。

　　多年来土木、交通与地质工程等专业技术人员在边坡失稳机理与防护措施方面开展了卓有成效的工作。但对于煤系土，由于其特殊性以及边坡绿色防护技术的需要，仍需开展深入的研究。煤系土即煤系地层经自然营力作用而风化、崩解、剥落形成的产物，在我国湖南、江西、广东等南方山区和丘陵区均有广泛分布。在高速公路和铁路路堑边坡工程施工中，大面积开挖不可避免地造成煤系地层出露，在大气降水等干湿循环作用下，煤系地层碎裂成土，强度大幅衰减，加上南方地区降雨强度大且持续时间长，使得煤系土不断软化、泥化，致使浅层边坡极易发生反复破坏。广东高速公路京珠高速粤境北段和江西昌金、昌栗高速公路多处地段在施工及运营阶段显示：煤系土边坡因降雨诱发多次溜坍灾害。

　　针对目前有关煤系土边坡防护失效的情况，以及煤系土浅层边坡遇水易于泥化、在干湿循环后强度急剧降低的现象，笔者深感亟须深入开展煤系土力学特性及浅层滑坡机理宏细观研究并提出合理的防护措施。本书通过煤系土边坡现场调研，开展了模型试验及其与流体相互耦合作用的细观力学计算，从宏观-微细观两个层面揭示了煤系土浅层边坡滑坡机理及滑移范围；针对传统锚杆和钢丝网、喷射混凝土等防护技术存在对生态环境不友好且易于出现植被退化的问题，开发研制新型煤系土边坡绿色防护技术，确保工程防护材料退化过程满足环保要求，践行"植被固坡渐进加强、防护结构逐步衰减成土"的边坡绿色防护新理念。煤系土 GFRP 锚网+植被边坡绿色防护旨在实现防护材料和植物根系"此消彼长"绿色环保的目的，本书建立了 GFRP 锚网受力退化模型和植物固土增强作用力学模型，研制出了煤系土生态稳固基材，提出了一套煤系土边坡新型 GFRP 锚网+植被绿色防护设计方法，可有效解决煤系土边坡遇水滑坍的技术难题。

　　该研究涉及滑坡工程地质、新型材料、植物、工程结构分析、现场测试、数值模拟、理论计算分析等领域，需要结合传统地质理论、结构设计理论与现代植物、材料系统理论，是边坡防护研究的进一步深化，难度较大，但又是实际工程迫切需要开展的一个应用基础理论前沿。可以说，开展边坡防护新型结构研究本身就是创新，其不仅具有较高的学术理论价值，还具有优化防护设计的实际应用价值。

本书是课题组根据所从事的国家自然科学基金项目"干湿循环条件下煤系土强度特性及边坡致灾风险分析（51568022）"和"煤系软岩力学特性及其边坡失稳机理宏细观研究（52068053）"、江西省自然科学基金重点项目"基于高铁路基蠕滑特征的新型耦合抗滑结构研究（20202ACB202005）"、江西省教育厅科技计划项目"赣西南地区膨胀土夹含煤颗粒特殊土质高边坡失稳机理研究"（GJJ161101）、联合项目"围桩-土耦合抗滑桩技术推广应用研究"和"微型桩应用于滑坡治理的技术经济研究"等的科研成果编撰而成的。参与本书编撰的还有黄冈师范学院黄钢副教授（2022年毕业于华东交通大学，获博士学位）、南昌工程学院张鸿教授、江西省交通科学研究院有限公司荣耀教授级高级工程师、南昌铁路勘测设计院有限责任公司胡风萍高级工程师。

本书的出版若能对同行起到抛砖引玉的作用，则是作者衷心希望的。由于许多问题尚在探索之中，书中难免存在一些不足甚至错误，衷心欢迎来自各个方面的批评和指正。

本书在编写过程中得到了同济大学孙钧院士等许多著名专家的热心支持和指导，文中引用了许多国内外学者的文献和资料，谨在此表示诚挚的感谢！还要感谢华东交通大学的各级领导和同仁给予本人的大力支持和关怀；感谢中国矿业大学（北京）孙书伟教授和江西省交通科学研究院有限公司孙洋高级工程师的热心帮助；感谢范亚坤博士、郭锴博士、杨继凯硕士和张晗秋硕士等在读期间的辛勤工作和大力支持；校核由刘棉玲女士完成。再次向所有付出辛勤劳动及给予协助的同志致以衷心的感谢！

郑明新

2023 年 1 月于南昌

目　录

第1章 绪 论

1.1 研究背景与意义

煤系土是指煤系地层经自然营力作用而风化、崩解、剥落形成的产物。目前，煤系土在我国湖南、江西、广东等南方山区和丘陵区均有分布。在高速公路施工中，不可避免的填掘作业会对煤系地层造成扰动，造成煤系土出露。煤系土边坡在干湿交替及大气变化过程中出现强度衰减现象[1]；加上江西、湖南等南方地区降雨强度大且持续时间长，使得煤系土浅层边坡极易发生失稳破坏。

据广东高速公路局调查统计，京珠高速粤境北段有 11 处已经防护的煤系土边坡因降雨诱发多次溜坍灾害[2]。郴州某煤系土边坡因浅层较厚的风化煤系土未及时采取有效措施，坡面平均裂缝宽度达 0.3 m，极易发生浅层滑坡[3-4]。自 2014 年昌栗高速公路工程建设以来，沿线煤系土边坡的溜坍或滑坡事件频发[5]（图 1.1），在调研中发现某煤系土边坡传统防护措施失效，出现多处浅层失稳破坏，影响公路交通安全和有损高速公路的形象。煤系土浅层边坡病害已成为煤系土地区的重要工程问题，不容忽视。

（a）滑坡   （b）溜坍

图 1.1 昌栗高速公路沿线煤系土浅层边坡破坏

由于工程边坡开挖导致地表植被破坏，引起煤系土浅层边坡暴露，在干湿交替和大气变化的强烈作用下，煤系土浅层边坡易出现滑移现象，对实际工程的危害较大，而有关该现象的研究却相对滞后；现有的浅层边坡生态防护技术多采用传统的工程材料，如传统锚杆和钢丝网、喷射混凝土、抗滑桩，该类材料危害生态环境且采用这些材料防护的边坡浅层出现了植被退化而反复发生破坏的现象。为了保证煤系土浅层边坡工程材料的退化过程既能满足环保要求，又能实现植被长期的防护效果，很有必要深刻认识煤系土浅层边坡滑移特征，并在此基础上开展煤系土浅层边坡生态防护技术研究。本研究主要以昌栗高速路堑煤系土边坡为工程背景，开展煤系土浅层边坡滑移特征及 GFRP 锚网植被防护技术研究。

1.2　煤系土边坡灾变机理研究现状

1.2.1　煤系土定义及工程性质

　　煤系土是强、全风化的炭质泥岩、页岩或灰岩的工程简称，在我国主要指二叠系、石炭系和三叠系的煤系岩层经由自然营力作用形成的风化产物，其有机碳含量占 6% ~ 40%。煤系地层通常是由海陆与滨海潟湖地质运动形成的含煤构造[6]。现场调研发现，出露的煤系土一般分布于边坡的中下部，颜色主要为黑色和灰色，结构发育极不均匀。煤系土的物理力学性质与发育程度有关[7]。煤系土级配较差，按颗粒大小可分为块状、砾状和粉状。其中：粉状煤系土工程特性主要为胶结性能较差、受雨水冲刷易泥化；砾状煤系土工程特性主要为结构松散、含水率低、胶结性较差、遇水易软化[8]。武深高速段的煤系土类型为粉状煤系土，经过 X 射线和化学定量测试得煤系土中黏土矿物占比在 60% 以上，C、Si、K 元素含量较高[9]。洪秀萍等[10]调研了云贵地区煤系土的酸性特征，得出了不同地区的煤系土存在酸性差异的结论，云贵地区煤系土 pH 均值为 5.84 ~ 7.10。

1.2.2　降雨作用下煤系土边坡灾变机理研究现状

　　目前，关于煤系土的相关研究尚处于起步阶段，主要集中在雨水对煤系土强度、微细观结构影响及煤系土边坡灾害防治等方面。高速公路沿线路堑边坡的浅层煤系土多处于非饱和状态，降雨入渗引发的煤系土含水率变化会导致煤系土边坡抗剪强度下降[11-12]。胡昕等[13]开展了广佛肇高速公路沿线的煤系土直剪试验，发现煤系土抗剪强度指标随着初始含水率增大而减小，黏聚力下降幅度较内摩擦角显著。祝磊等[14]开展试验研究了不同含水率对广东云浮地区粉状煤系土抗剪强度指标的变化，提出了具有实用价值的煤系土强度指标模型。虽然煤系地层在未扰动时抗剪强度峰值尚可，但是通过失稳煤系土边坡反算的抗剪强度往往小于其峰值，这一现象近年来引发了诸多专家学者的关注。左文贵等[3]认为煤系土抗剪强度在低含水率时往往较高，黏聚力随着含水率增大而呈先缓慢下降然后大幅下降趋势，含水率对煤系土黏聚力的影响大于内摩擦角，高含水率导致土体内部剪切破坏逐渐展开，容易导致边坡的失稳破坏。刘顺青等[15]研究了不同含水率的煤系土抗剪强度变化，认为不同粒径的煤系土强度变化不同。Han 等[16]利用扫描电镜（ESEM）研究了不同含水率下粉状煤系土的剪切面微观结构，得出粉状煤系土的微观空隙排列表现为无明显定向性，且微观针状晶簇含量随含水率的增大呈增多趋势的结论。张鸿等[17]采用了数值法分析了降雨条件下煤系土边坡破坏的细观机理，认为降雨对煤系土细观参数（颗粒的力链、孔隙率和配位数）的改变是煤系土边坡失稳的细观原因。国内学者对煤系土边坡破坏的地质调查表明[1, 3, 18]，无论是自然斜坡还是原状煤系土开挖边坡，在降雨季节都容易发生从局部坡面冲蚀、剥落，到边坡浅层整体坍塌、滑坡等不同形式或规模的病害[19]。调查研究发现：降雨、干湿交替引起的孔隙水压力变化是诱发郴州某二叠系煤系土滑坡和京珠高速粤境北段公路边坡溜坍的主要因素之一[3-4, 20-22]。

在煤系土边坡灾害研究方面，虽然很多学者揭示了降雨入渗导致煤系土边坡的失稳机理和灾变机制，但是近年来的研究发现煤系土边坡的浅层部位破坏是一个大气风化导致裂隙孕育、发生、发展到完整破坏的过程[23-24]。干湿交替和大气效应（温度、降雨和冻融）是边坡灾变的重要因素。煤系土浅层边坡失稳破坏的研究不仅需要考虑降雨因素，还需要考虑长期干湿循环条件下煤系土的强度变化，以揭示干湿交替时煤系土边坡破坏机制。边坡浅层煤系土在干湿交替和强降雨、生物及环境等自然营力的作用下发生强烈变化，导致边坡表层裂缝的出现。这些裂缝主要是由富含亲水性矿物的煤系土在干湿交替过程中崩解引发的[25]。作为具有特殊性质的煤系土，边坡稳定性的研究需考虑浅层煤系土的物理力学特性，主要是干湿交替形成崩解和裂缝的产生。这种特性不仅破坏了土体完整性、降低了土体抗剪强度，而且提高了边坡浅层土体雨水入渗速度和渗透量，改变了边坡水力特性[26]。在干湿循环作用对煤系土强度变化影响研究方面，杨继凯等[27]研究了煤系软岩在干湿循环作用下的耐崩解性。张晗秋[6]研究了密度和干湿循环次数对煤系土崩解特性的影响，结果表明煤系土在遇水浸泡后表现出明显的崩解特性。曾铃等[28-29]研究了干湿循环对炭系泥岩崩解裂隙发育规律及强度特性的影响，构建了预崩解炭系泥岩的抗剪强度指标与裂隙相关参数模型。付宏渊等[30]研究了广西六寨—河池高速公路沿线的炭系泥岩在干湿循环作用下的崩解特性，结果表明炭系泥岩粗粒径组的含量随干湿循环次数的增加而减少，循环次数的增加降低了崩解幅度。

由上可知，诸多学者从室内试验和理论分析方面揭示了降雨对煤系土强度影响的规律；而针对干湿循环对煤系土强度变化影响规律的研究较少，尚不能完整揭示煤系土浅层边坡破坏演化规律。

1.3　边坡浅层稳定性和失稳模式研究现状

1.3.1　边坡浅层稳定性研究

根据相关研究[31]可知，滑坡可依据滑动深度分为三类：深层滑坡、中层滑坡、浅层滑坡。其中，浅层滑坡的滑动深度为 1~5 m。浅层滑坡是一种常见的自然灾害，对人类的生命财产构成了巨大威胁。浅层滑坡的发生受到降雨类型、坡面的风化程度、坡体的岩性和结构面等多种因素影响。

在热带和亚热带地区，降雨入渗导致的边坡失稳等地质灾害时有发生，降雨是边坡浅层滑坡的主要诱因。近年来，随着气候变化导致的极端降雨频发，我国山区边坡浅层稳定性引发了专家学者关注，他们因此开展了相关研究。边坡浅层稳定性研究主要采取现场或模型试验、理论分析和数值仿真等手段分析边坡的失稳破坏因素、强度变化、变形规律等，进而预测边坡滑动面的安全系数[21, 32-35]。

1. 理论分析方面

Wu 等[36]分析了四川红层地区降雨诱发的浅层滑坡特征，在改进的 Green-Ampt（格林-安普）入渗模型和考虑基岩表面积水问题的基础上建立了一种基于物理的降雨引起的浅层滑坡模型。Pradhan 等[37]采用反向传播神经网络机器学习算法开发了一种基于矩阵的降雨阈值和滑坡易感性方法，并研究了韩国釜山地区暴雨诱发的浅层滑坡特征。Chiu 等[38]采用潜水压方程（动力方程）与 Richards（理查兹）方程耦合控制建立了一个基于内部物理过程的浅层滑坡模型来研究径流的影响，并通过边坡无限稳定性分析法对浅层滑坡的特征进行了分析。Ku 等[39]建立了考虑时变孔隙水压力波动的水文模型和提出基于 Van Genuchten（凡格努钦）土-水特征曲线的边坡无限稳定性分析方法，并利用 Richards 方程对非饱和土中区域性降雨诱发浅层滑坡的瞬态模拟进行了研究。该方法可建立考虑地质结构、地下水位、水文地质特征、降雨强度和降雨历时的浅层滑坡分析。孟素云等[40]在研究湿润区分区函数和等效渗透系数的基础上建立了改进的 Green-Ampt 入渗模型。Zhang 等[41]通过 Green-Ampt 入渗模型分析了不同裂缝扩展状态下坡面雨水的入渗特性，讨论了无积水入渗和积水入渗两种情况下考虑裂缝扩展状态下入渗边坡稳定性的演化规律。张龙飞等[42]在研究力学平衡与变形协调关系的基础上，建立了顺层缓倾浅层滑坡各阶段的渐进失稳力学模型。王述红等[43]基于 Mualem-Van Genuchten（穆阿利姆-凡格努钦）模型和土体饱和度表征降雨强度模型构建了饱和区降雨强度-时间临界曲线模型。孙乾征等[44]在 Van Genuchten 模型和 Fredlund（弗雷德隆德）的非饱和土抗剪强度理论基础上，建立了改进的一维非饱和边坡稳定性分析模型，并研究了坡体参数变化对边坡安全系数的影响。尹琼等[34]采用双剪统一强度理论，建立了煤系土边坡破坏模型和研究了煤系土滑坡性质机制，分析了煤系土边坡开挖后风化时间对土体强度指标和坡度对安全系数的影响规律。王启茜等[45]建立了地下水渗流和坡面径流耦合分析模型，研究了强降雨条件下地表径流和裂隙水流产生的渗透力对浅层边坡稳定性的影响。Salih 等[46]采用极限平衡法比较考虑二维（2D）和三维 （3D）的边坡稳定性影响，结果表明三维模型的安全系数较二维计算结果低。Deng 等[47]在极限平衡框架下，推导出一种基于任意曲线滑动面的非线性HB（霍克布朗）强度准则，可直接用于分析岩质边坡稳定性。Sun 等[48]根据主、被动块体的相互作用机理，构建了一种新的双平面破坏块体模型，提出了考虑块间边界方向的既满足力平衡又满足力矩平衡的双面破坏分析方法，并研究了各影响参数（滑体深度、坡高、倾角、抗剪强度指标）对边坡稳定性的影响。Panagiotis 等[49]提出三维边坡稳定极限平衡法的平动平面破坏模型，并结合 Mohr-Coulomb（莫尔-库仑）破坏准则采用 Bishop（毕肖普）平均骨架应力分析了浅层土体非饱和状态到饱和状态的强度演化规律。Zhou 等[50]在分析边坡蠕滑基础上提出了一种新的极限平衡法，并研究了三维蠕变边坡的稳定性和边坡剪切位移与蠕变时间的关系。Wang 等[51]在综合考虑边坡土体参数不均匀分布的基础上，提出了一种多参数协调变化的边坡稳定性分析方法。

2. 模型试验方面

Montrasio 等[52]采用模型试验重现了 2009 年 10 月 1 日意大利西西里岛东北部的一次浅层滑坡事件，评估了用简化稳定模型再现浅层滑坡触发演化的性能。Ran Q 等[53]为了深入研究降雨诱发的浅层滑坡，建立了多种耦合作用下边坡无限稳定性模型和非饱和土壤降雨入渗模型的物理模型，分析了边坡单位重量和随饱和程度变化的抗剪强度指标对降雨边坡的稳定性影响，认为饱和程度对滑坡单位重量和非饱和抗剪强度指标产生重要影响，进而影响滑坡的破坏深度和破坏时间。Okada 等[54]在日本栃木县金沼市一个相对平缓的山坡上做了浅层滑坡试验，研究了边坡浅层滑移机理。杜强等[55]利用土工离心机和雨强控制模拟器开展降雨诱发砂土质滑坡的模型试验，并结合有限元软件 Geodip 研究降雨诱发滑坡的宏细观特征。赵建军等[56]采用滑坡物理模型试验研究了降雨与开采对滑坡的内部应力及坡体变形的影响规律。Zhang 等[41]通过现场调查、室内试验和大型边坡模型试验，研究了安徽公路沿线边坡的破坏模式和破坏机制。Zhang 等[57]选取飞云江流域滑坡旁的残土坡进行现场模型试验，研究了在降雨作用下基岩界面发生滑坡的演变规律，结果表明降雨入渗对边坡浅层孔隙水压力和变形影响较大，且人工沟渠的雨水在边坡浅层渗透会引发残余土壤快速饱和，并在浅层土体与基岩之间的界面附近产生显著的位移。Sun 等[58]开展模型试验研究了不同降雨方式和边坡结构对黄土边坡浅层变形破坏的影响规律。Lee 等[59]通过水槽试验，研究了降雨诱发作用下的滑坡特征，并建立了基于物理模型的滑坡预警系统。

3. 数值模拟方面

数值分析不需要预先定义破坏机制，可以更快地确定安全水平。王森等[60]采用有限元数值法模拟二滩坪边坡的降雨入渗过程，结果表明降雨入渗过程中边坡孔隙水压力及渗流力出现快速增加现象，含水率增大导致坡体饱和软化，坡体强度降低导致边坡失稳的发生。Ran Q 等[53]基于模型试验提出了一种不同的浅层滑坡机制的模拟方法，采用综合物理的水力模型和无限边坡稳定性模型在虚拟边坡上模拟边坡水力变化，估算边坡稳定性。Kim 等[61]基于物理的 H-slider（小坡上的浅层滑坡）模型评价反映土壤深度的地形和土壤参数化对浅层滑坡预测精度的影响。Bordoni 等[62]以意大利北部某边坡为研究对象，采用 GODT（遗传优化决策树）模型和 SLIP（对称对数图像处理）模型研究了含水率、孔隙水压力和水文迟滞对边坡安全系数的影响。Ho 等[63]基于无限边坡失稳分析和饱和水位估算建立了浅层滑坡预测模型，确定了浅层滑坡发生的位置和时间。Liu[64]提出了一种考虑土性空间变异的降雨滑坡全过程概率模拟方法和水-力耦合的两阶段方法，模拟了边坡从开始降雨触发到最终破坏后土体的大变形过程。汪磊等[65]采用 GeoStudio 软件对浙江省丽水市松阳县范山头滑坡进行模拟，研究松散堆积体边坡内部的瞬态承压水的作用机理。有限元极限分析法提供了严格的安全系数的上界和下界[66-67]。强度折减法可以较好地应用到数值分析软件中分析边坡的安全系数[68]。在处理高内摩擦角和中等剪胀角时，采用基于位移的有限元强度折减法分析非相关塑性时会受到数值不稳定性的影响，而有限元极限分析法可采用传统的Mohr-Coulomb 破坏准则和 Hoek-Brown 破坏准则研究不同性质、不同性质边坡的稳定性。张家明[69]采用数值方法研究了非饱和带坡体大孔隙对斜坡降雨入渗的影响，得出了孔隙流由暴雨径流产生，降雨入渗的加速主要由入渗面积的增大引起的结论。

1.3.2　浅层滑坡失稳模式研究

目前，根据浅层滑坡的力学机制研究，边坡滑坡演化特征可分为牵引式滑坡、平推式滑坡、渐进式滑坡[70]。边坡失稳模式是进行边坡浅层滑坡分析的关键，传统力学分析方法[瑞典条分法、Bishop 法、GLE（广义极限平衡）法]主要针对近似圆弧滑面的深层整体稳定性进行分析，而浅层失稳模式受降雨入渗影响明显，且受湿润锋和土层界面强度影响较大[71]，显然采用传统方法计算则误差较大。

近年来，越来越多的学者开展了浅层滑坡的力学特征研究。浅层滑坡的失稳特征与其边坡岩土体的构造和结构面密切相关，降雨滑坡引发浅层滑坡的破坏面一般平行于坡面[52]。边坡失稳的触发时间和滑坡形式、坡体的含水率、基质吸力有关[53]。李修磊等[72]基于非饱和土强度理论，提出土质边坡浅层顺坡曲面的失稳模式，主要由张拉区、主滑动区和挤压区三部分组成。彭煌[73]采用极限分析上限法理论来研究边坡浅表层土体干湿循环后裂缝深度对浅层边坡的影响，提出了含张拉裂缝的对数螺旋滑面失稳模式。Gao 等[74]研究了含张拉裂缝对边坡稳定性的影响，得出了考虑裂纹内部耗散的边坡失稳模式。连继峰等[75]提出了浅层滑坡的"圆弧-平面"组合失稳模式并进行了饱和渗流条件下的边坡浅层稳定性分析。赵洪宝等[76]研究了软弱煤岩的滑移特征，认为裂隙的形成是剪切和张拉共同作用导致的结果，裂隙的发展形成了似圆弧形的渐进失稳。Zhang 等[77]基于模型试验研究提出了缓坡和陡坡的不同破坏失稳模式，缓坡比陡坡有利于裂隙的发展，地表侵蚀和浅层溜坍是低陡边坡破坏的主要形式，缓坡更容易发生整体边坡失稳或滑坡。陈林万等[78]研究了直线型黄土填方边坡，得到在降雨入渗条件下表现出坡顶和坡脚先软化，再局部坍塌和整体失稳，最后溜坍破坏的失稳模式。周崎等[79]研究了裂土边坡在降雨入渗下的失稳机理，认为裂隙的存在使滑带形成饱和带并近似平行地滑移。李龙起等[80]认为软硬互层边坡在降雨作用下表现为滑移—裂隙发育—失稳模式。陈乔等[81]采用模型试验分析了降雨作用下无限边坡和削平坡顶的两种边坡的破坏特征，认为浸润线升高或孔隙水压增加会导致浅层滑坡发生，其失稳特征是从坡脚开始变形的牵引式滑坡，发生时间比深层滑坡短。

1.4 煤系土边坡灾害治理研究现状

1.4.1 煤系土边坡防治方法研究

近年来，针对公路沿线的煤系土边坡灾害，诸多专家采取了一些有效的防治方法。梁恩茂[2]采用预应力锚索地梁和预应力锚索抗滑桩来防治京珠北 K98 边坡变形。易巍[20]在总结了广东省 7 处典型煤系地层边坡病害的基础上提出了低坡形坡率+抗滑桩+锚杆的防治措施。崔志波等[33]提出置山坡截水沟、劈裂注浆和仰孔排水方案。叶敬彬[18]在武深高速公路韶关段煤系边坡中采用注浆钢花管和钢锚管加固措施。曾泽明[82]采取"注浆钢花管桩+钢锚管框架梁+刷坡清方"的联合防治技术来治理煤系土的滑坡。宋威[83]采用了旋挖圆形桩+钢锚管格梁方案治理煤系土滑坡。李昌龙等[84]针对煤系土边坡悬臂抗滑桩倾斜变形采取锚索+H 型钢桩+回填反压组合措施补救。魏东旭等[85]对于易滑坡、滑塌的煤系土边坡采用锚杆格梁 + 抗滑桩的治理方案。徐博等[86]针对煤系地层软弱层滑坡采用锚杆与柔性网结合进行治理。张祝安等[87]采用抗滑桩支护煤系边坡，并探讨了其桩身位移控制技术。

由以上可知，煤系土边坡病害防治方法大多采用山坡截水沟、锚索加固、锚杆喷射混凝土-挂网、人字形骨架和植被防护等多种综合措施。

1.4.2 考虑生态修复的稳定技术研究

近年来，我国政府出台了一系列加快生态环境修复的规定，强调在全国开展生态环境修复，采取以自然修复为主的原则，提升生态环境质量和稳定性[88]。可见对于煤系土边坡的浅层破坏治理进行生态修复的重要性。尉学勇等[89]采用锚索框架+土工格室植草技术对煤系土古滑坡进行治理，有效地控制了复活滑坡的变形。职雨风等[90]针对平兴高速公路煤系土边坡滑坡提出治坡先治水、固脚强腰和环境友好的指导思想，以锚索框架梁为主要防护措施，三维网植草仅作景观设计。邓友生等[91]采用物理模型试验研究了植被与微型桩协同护坡的受力变形规律。

由于对煤系土边坡生态防护技术的研究不够深入，很多煤系土路堑边坡在开挖后采取常规措施造成了生态环境的永久破坏。这些措施往往只能在短时间内保持边坡稳定状态和坡面绿化，边坡在降雨长期作用下发生浅层滑坡，这就需要考虑新的环境友好防护方法。因此，针对煤系土边坡的浅层稳定性研究，应尽快提出基于生态环境保护的煤系土新型的生态防护措施。这类措施无疑具有重要的科学研究价值，能够有效提高我国防灾和生态环境保护工作的科技支撑水平。

1.5 边坡生态防护研究现状

1.5.1 生态防护技术研究

生态护坡技术有机结合了边坡工程防护与植被自然恢复，有效地破解了工程建设安全与生态环境保护之间的矛盾，实现了人类活动与大自然保护的协调发展，具有广阔的研究价值和应用意义。生态防护技术适用于公路沿线边坡为植被的情况。现有的植被防护技术主要结合工程防护和生态防护，其工程防护是保证边坡早期稳定的重要措施。现有植被护坡主要可以分为两类：植被-工程坡面联合护坡和全坡面植被护坡[92]。

1. 植被-工程坡面联合护坡技术

这类方法主要将圬工作为防护主体和在孔窗内种植植被，常见的有土工格室植草护坡技术、浆砌片石形成框格植草护坡技术、钢筋混凝土骨架内植草护坡技术、框架梁+锚杆植草护坡技术[93]。

土工格室植草护坡技术是先铺设和固定坡面的土工格室，然后在土工格室内填充土壤并挂三维植被网，最后播草护坡的防护技术，如图 1.2（a）所示。

钢筋混凝土骨架内植草护坡技术是集合土工格栅植草护坡和挂三维植被网喷播植草护坡两种技术，在坡面现浇钢筋混凝土骨架，在骨架内设置土工格栅并填充土壤、挂三维植被网和播草护坡的防护技术。

浆砌片石-框格植草护坡技术是指先应用浆砌片石制作成坡面框格结构以防护坡面，然后在框格内采用生态基材或客土喷播方法进行植草护坡的防护技术，如图 1.2（b）所示。

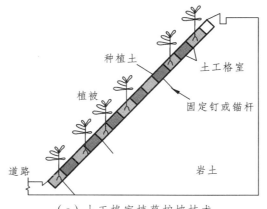

（a）土工格室植草护坡技术

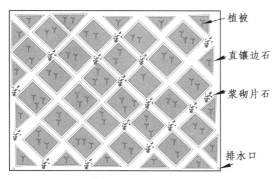

（b）浆砌片石形成框格植草护坡技术

图 1.2　植被-工程坡面联合护坡技术

框架梁+锚杆植草护坡技术是指通过框架梁对坡面起到加固作用和锚杆深入稳定岩土层起到锚固作用的防护技术，这种防护经常应用于高边坡生态护坡。

以上几种植被-工程坡面联合护坡技术存在混凝土结构的暴露影响植被的生长、混凝土结构之间碎屑流失、人力和物力消耗大、景观性差等缺点；锚杆存在钢筋腐锈蚀污染环境等问题[94]。

2. 全坡面植被护坡技术

近年来一些学者研究了采用全坡面植被护坡技术修复特殊岩土边坡的问题。全坡面植被护坡技术主要依靠埋入坡体内的锚杆、土钉等锚固体和种植植物的根系加筋、锚固作用来增强坡体稳定性，同时抵抗外界环境对边坡的影响，较常见的全坡面护坡技术有移植草皮护坡技术、土工网植被护坡技术、挂三维植被网喷播植草护坡技术、植被混凝土护坡技术、OH 液植草护坡技术[95]。

移植草皮护坡技术是一种快速成坪的护坡绿化技术，即将预先种植生长好的草皮移植到边坡坡面以达到快速防护目的的技术。这种方法具有低造价、施工方便、绿化效果好等优点[96]。但受制于护坡地形地质条件，该方法护坡的后期管理变得较困难，且长期效果较差。

土工网植被护坡技术是指先在边坡坡面挂土工网稳定坡体，然后液压喷射植草的绿化方法。这种方法可应用于坡比小于 1：0.75 的各类土质边坡和易风化的岩质边坡[97]。

挂三维植被网喷播植草护坡技术是指先在边坡上打入固定钉，然后再在坡面上挂三维网和液压喷射植草的绿化技术方法。这种方法具有生态景观性较好，可以消除雨水动能和提高坡面的抗侵蚀能力等优点[98]。 该方法被广泛应用于坡比缓于 1：1 的各类边坡，如图 1.3 所示。

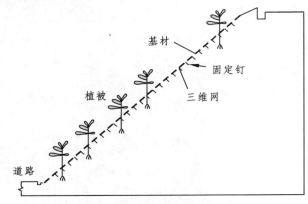

图 1.3　挂三维网喷播植草护坡技术

植被混凝土护坡技术是指先采用胶结材料水泥作为基质原料配制成具有一定强度的混凝土生态基材，然后在混凝土生态基材中植草的一种边坡防护技术，较高的水泥含量会影响植被的发芽和生长[99]。

OH 液植草护坡技术是指采用专门设备将 OH 液、水和草种组成的混合物喷射至边坡坡面植草的防护技术。该方法不需要养护，防护效果好，但存在 OH 液需要进口且设备昂贵等缺点。

1.5.2　锚网力学性能研究

在实际边坡生态防护中，因对岩土具有变形限制和加筋锚固作用，高强锚网结构被广泛用于全植被坡面的生态防护。锚网结构为柔性防护，锚网支护多采用钢筋或土工网对坡面加筋，可防治碎屑流失，锚网把力传给锚杆，再传递到稳定土体[100]。刘泽等[101]建立了锚网防护边坡在降雨入渗条件下的稳定性模型，探讨了各影响因素（边坡角度、降雨强度、防护客土厚度、锚钉间距和长度）对防护边坡稳定性的影响。何矾等[102-103]研究了加筋三维网-锚杆防护结构的应力、变形和锚杆轴力的发展规律。三维植被网为多层凹凸和双向拉伸土工网，王云[104]研究了坡面三维土工网对边坡的稳定性影响，陈婷婷[105]研究了边坡三维网垫防护结构在地震和降雨作用下的受力变形特点，卢涛[106]研究了不同型号三维土工网对植生边坡加固的影响。Alvarez-mozos 等[107]研究了土工网对生态边坡的水土流失影响并评价了土工网对径流减少和土壤损失的防护效果，认为土工织物对生态边坡防护的建立和植被生长产生了重要的作用。王广月等[108]研究了三维网防护下边坡的累积侵蚀量与雷诺数的关系。

近年来，FRP（纤维增强塑料）锚杆由于具有成熟的生产工艺、低廉的制作成本和易切割性，在越来越多的工程建设中（道路、桥梁、基坑、隧道及边坡）取代了传统金属锚杆。常见的 FRP 锚杆有玻璃纤维锚杆（GFRP）、碳纤维锚杆（CFRP）、玄武岩纤维复合锚杆（BFRP）、芳纶纤维锚杆（AFRP）。国内 FRP 锚杆的研究尚处于起步阶段，主要围绕 FRP 锚杆力学性能方面。白晓宇等[109]研究得出 FRP 锚杆直径的增加和混凝土中锚固长度的延长可有效提高其锚固能力。张胜利等[110]采用拉伸试验研究玄武岩纤维筋 BFRP 锚杆抗拉强度，分析了 BFRP 锚杆的弹性模量、极限抗拉强度、破坏时的荷载及伸长率，综合评价了钢筋锚杆和 BFRP 锚杆的力学指标与经济成本效果，研究表明 BFRP 锚杆不仅具有良好的力学性质，还具有良好的性价比和环保性，可在诸多工程领域代替钢筋锚杆。

尽管 FRP 锚杆有比传统锚杆更强的力学性能，但 FRP 锚杆的退化随着腐蚀龄期的增加越来越明显[111]。曾宪明等[112]提出了锚杆的"定时炸弹"问题，并通过锚杆的退化速度试验，对锚杆的使用退化进行了初步研究。锚杆长时间处于坡体内部地下水、腐蚀性化学物质等环境中会出现老化或损伤破坏[113]。国内外学者对 FRP 锚杆的腐蚀和高温老化研究较多。Kabir 等[114]发现暴露于室外环境的 GFRP 锚杆试样其混凝土的黏结强度下降最显著。Kim 等[115]研究了 GFRP 材料在各种恶劣环境下的退化性质。徐可等[116]研究了不同温度作用对不同直径 GFRP 的弯曲性能衰减影响，得出了 FRP 筋在高温下的抗弯强度呈现阶梯式下降且强度保留率在 90%以上的结论，并从微观上分析了 FRP 筋的衰减机理。吕承胜[117]研究了 FRP 锚杆在酸碱腐蚀环境下的力学性能，得出了处于腐蚀环境中时 FRP 筋的抗拉强度和抗剪强度会出现衰减的结论。齐俊伟[118]采用试验方法和理论分析研究了 GFRP 筋在盐碱环境下的退化问题，提出了 GFRP 筋强度和混凝土构件黏结性退化模型，并采用试验方法进行了验证，并预测其在 80%的湿度和 10℃ 温度下使用寿命可达 50 年。罗小勇等[119]研究了 GFRP 锚杆的强度随腐蚀时间的变化规律，得出 GFRP 锚杆强度在强酸碱盐环境中 50 d 时下降达 10%，在强酸碱盐环境中 62 d 时下降达 13%的结论，并分析了其退化机理。

以上研究发现，FRP 锚杆随腐蚀龄期增加和环境变化会出现强度衰减。现有的锚网支护大多采用环氧树脂涂层、热浸镀锌等防护技术，这些技术防腐能力有限，出现质量问题后需要进行二次补强，这不仅增加了成本、工作量和耗材，而且只能延缓锚杆的退化时间，不能从根本上解决边坡长期稳定问题。所以，需要研究一种新型防护技术，要求其能在锚杆的退化过程中维持边坡的长期稳定。

1.5.3　生态基材研究

在全坡面植被护坡技术中，生态基材是成败的关键，为此国内外学者近年来进行了广泛的研究。Xiao 等[120]和 Ma 等[121]对植被客土基材的功能进行了研究，尤其是对基材的保温抗寒性能。黄朝纲[122]研究了聚苯乙烯（EPS）和石墨粉对植物生长和保温性能的影响。万娟等[123]研究了飞灰作为生态基材配料的可行性，认为含量小于 5%的飞灰可以用于生态基材中。合理的基材配比能减缓植被护坡基材的蒸发和增加土壤持水量[124]。基材中的有效持水量受到有机质和保水剂用量影响。生态基材的养分直接影响植物的生物特性[125]。Du 等[126]开展了正交试验，研究了煤矸石、粉煤灰、玉米秸秆和保水剂对生态基材的物化特性和植物生长状况的影响，得出了适合植物生长发育的最优基材配料。Zhou 等[127]提出了聚丙烯酰胺（PAM）、泥炭土和秸秆生物炭 3 种基质对基材养分的低影响开发（LID）方法，研究认为聚丙烯酰胺和生物炭在浸出条件下可以减少磷的损失，提高基材水分含量。夏振尧等[128]研究了生态基材侵蚀量与水泥添加量和养护时间的变化关系，认为侵蚀分离能力随着水泥和养护时间的增加而减小。秦健坤等[129]研究了不同剂量保水剂对生态基材持水效果影响的规律，认为采用 0.5%大粒径保水剂的持水效果最佳。郭建英等[130]分析了矿区排土场边坡的植被修复效果，得出不合理的植被治理措施造成的边坡破坏大于不采取治理措施的。万黎明等[131]开展了植被生态基材的水分蒸发试验研究。对于风化程度高的软岩边坡，张平[132]提出了将土壤稳固剂加入生态基材应用的生态防护新思路。

基材中植物的生长状况关键在于基材肥力，营养元素的多少直接影响了基材肥力高低。相关学者近年来逐渐开展了基材营养元素的定量研究。叶建军等[133]研究了建筑垃圾基材（酒糟、表土、河沙、复合肥）和陶粒基材（陶粒、石灰石）的营养成分，认为建筑垃圾基材的绿化效果优于陶粒基材。Cheng 等[134]研究了粉煤灰和煤矸石作为基质对采煤塌陷区土壤化学和微生物特性的影响。郭春燕等[135]分析了植被恢复矿区土壤中的氮、磷、钾等有机质含量，结果表明，随着有机质含量的显著增加，土壤物理和化学性质进一步得以改善，土壤抗蚀性增强，进而可减少水土流失。柯凯恩[136]从物理性质和肥力方面对煤矸石制作生态基材进行了研究。

1.5.4　植物根系固土力学研究

作为天然工程师的植被是陆地生态系统中的重要组成部分，在自然界能进行物质循环和能量流动[137]（图 1.4）。在环境岩土工程中，诸多学者广泛认同植被对边坡土体的加固作用。植物根系可以对边坡土壤提供力学作用，已经被证明是一种有效的防治浅层滑坡的方法。因植被防护边坡具有明显的经济性、技术性及生态性等优点，植被护坡机理成为近几年的研究热点，研究主要集中在根系的加筋作用和锚固作用方面。

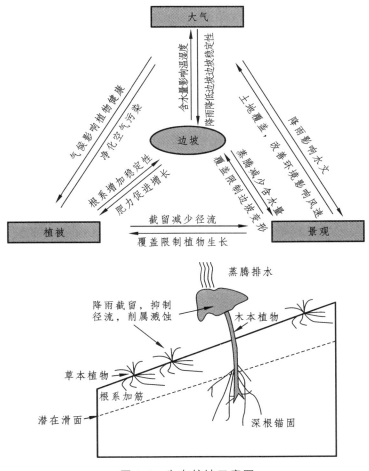

图 1.4　生态护坡示意图

1. 根系加筋作用

　　在植物护坡根系力学效应方面，根系对土壤的抗加固能力与根系强度和根含量有关，根系的抗拉强度与植物的根直径负相关、与根系含量正相关[138]。根直径大小与植物的类型有关，草本主要以须根（根径 < 2 mm）和细根（根径为 2～5 mm）为主。根通过对土壤有机质的积累增加土体中水稳性团聚体含量和对土体的网状贯穿影响土体结构，通过土壤-根系基质内的抗拉阻力或界面摩擦传递剪应力，从而提高土体的抗剪强度[139]。研究发现：土壤中当草本植物紫花针茅根密度从 0.1 g/cm³ 提高到 2 g/cm³ 时，土体剪应力从 1 kPa 提高到 5 kPa；柠条锦鸡儿根系的存在能使土体的黏聚力从 2.95 kPa 提高到 9.09 kPa[140]。这说明根的存在可以提高土体抗剪强度。吕渡等[141]对 4 种植被覆盖类型条件下的土壤水分进行分析，揭示了不同植被覆盖类型的生态加固机理。

研究发现植物根系固持力的大小与根系分布特征有关[142-143]。根系分布特征直接影响根系固土强度和边坡稳定性[144]。平行于坡面生长的根系通过增加根区抗拉强度来加固土壤，垂直于坡面延伸的根系通过增加剪切面上的抗剪强度来加固土体。研究发现草本植物根系分布对表层 0 ~ 20 cm 土层能显著增加土壤抗剪切强度。灌木刺槐和油松的根系密度随深度增加而降低，0 ~ 2 m 深土层的根长密度和根重密度占总根密度的 50%以上。这说明根的固土作用很大程度上取决于其根系分布（深度和空间密度）。陈潮等[145]分析了植物根系生长形态对边坡浅层安全系数的影响，植被可以通过根系形态变化作用提高边坡土体的抗剪强度，增强浅层边坡的稳定性。

根系分布对土体强度的影响与植物生长时间有关。刘艳琦等[146]研究了 5 种植物根系在生长早期和生长旺盛期的抗拉性能，得出了生长早期的植物抗拉强度大于生长旺盛期，灌木植物根系的极限抗拉力最大，半灌木植物根系次之，草本植物根系最低的结论。刘治兴[147]研究了公路边坡不同生长期的植物根系对土体抗剪强度的影响，得出了不同生长阶段的根系能提高土体抗剪切能力的结论。

2. 深根锚固作用

木本植物主要以粗根（根径 > 10 mm）为主，其中深根能锚固到更深的土层中起到锚固作用。如果深度不够或空间密度不够高，则粗根在应力作用下被完全拔出，不能达到预期的抗拉强度，对边坡稳定性没有明显的贡献[148]。研究发现某些松、槐类植物根系能生长到土体深度 5 m 以上，很好地起到了边坡锚固作用[149]。木本植物根系分布类型可以归纳为 6 种[150]：H 型，此类根系水平根占多数而广泛地延伸；R 型，主根占大多数且斜长，并具有一定宽度的侧根；V 型，近垂直的主根发育良好，侧根稀疏而伸长；W 型，侧根广泛延伸，具较浅的主根；M 型，大多数根分叉和生长在不同的方向；VH 型，具有强壮的根，侧根相对于水平面较宽且方向较低。根的抗拉强度和根土抗剪强度随根系生长直径的增大而变化，而根系锚固深度随着根系生长而增加[11, 151]。姚鑫[152]采用数值方法研究了木本植物根系对红黏土边坡的锚固作用，发现木本植物的主根起到主要作用，木本植物种植在边坡的底部防护效果最佳。张丞等[153]采用现场拉拔试验研究了灌木黄荆根系的锚固作用，得出了灌木黄荆根系在 3 种不同风化程度边坡上坡向的抵抗倾倒能力提高了 67%以上的结论。张志林[154]研究了乔木根系对边坡的锚固作用，得出了垂向生长根系提高了边坡稳定性的结论。郑力[155]研究了不同根系深度、边坡长度和坡度下木本植物对边坡安全系数的影响。洪德伟[156]通过抗拔试验研究了不同松根系的摩擦特性，建立了单根摩擦力模型，研究了多叉根在抗拉拔试验中的 4 种破坏形态。赵东晖等[157]研究了多种影响因素（根系生长方向、根直径、根系深度、土壤含水率、植被海拔）对白桦植物根-土摩擦力的影响，得出了根直径和海拔对白桦的根-土摩擦力影响最大的结论。韩朝等[158]研究了北方 5 种乔木的根-土摩擦特性，得出了单根的根断裂和根拔出的两种破坏形态，由此说明植物物种和直径对根系锚固力影响较大。曹云生[159]通过试验研究了根埋深、土壤含水率和加载速度对根-土摩擦力的影响，得出了3种因素对根-土摩擦力有显著影响的结论。

1.5.5　生态效果评价研究

采用生态护坡技术进行边坡防护时，需要在保证边坡稳定的前提下考虑边坡的生态功能。边坡生态防护技术的生态功能直接关系到边坡的长期稳定性[160]。稳定的生态群落形成是边坡生态防护技术的重要目标。由于公路边坡的立地条件复杂，环境恶劣，采取合适的生态护坡技术和植被群落设计是护坡工程质量的关键[161]。

生态群落形成是动态变化过程，植物生长监测是评判公路生态群落稳定的重要内容。许多有意义的生长参数经常用于评价生态群落形成过程中植物的生长状态，如覆盖度、植物密度和高度[162]。陈生义等[163]研究了不同草灌比播种后生态群落的特征变化。由于草和灌木之间的竞争，草、灌种子的早期存活率受到了影响[164]。范玉洁等[165]采用覆盖度与高度对钢丝网石笼防护技术的生态效果进行跟踪调查研究，评价了其生态效果。

由于生态防护技术的生态效果受到诸多因素影响，其评价需要综合考虑多方面。近年来，诸多学者开始采用模糊综合评价法来评价复杂生态群落的生态护坡效果。张旭等[166]采用模糊评价法和层次分析法评判了多种生态防护措施的生态效果。张舒静[167]建立了多种生态效果评价体系，并将其应用于实际生态护坡中。屈月雷等[168]采用模糊综合评价法分析了堆岛植被修复的生态效果。

综上所述，目前对于煤系土的研究和处治还处于起步阶段，主要集中在煤系土的强度、微细观形态、工程边坡加固方面，对于受到干湿交替和大气变化等共同作用存在易滑坡性、易滑塌性和易反复性的煤系土边坡失稳浅层，很少考虑干湿交替和大气变化作用的煤系土强度衰减特性，且没有专门研究煤系土浅层滑移特征的成果。已有煤系土边坡的生态防护技术存在传统工程结构退化后易于导致滑移反复发生且材料不环保的缺陷。对于煤系土土质贫瘠和黏结性差问题，未见有关报道煤系土的可植被技术研究。要使煤系土地区植被防护达到长效目的，有必要进一步研究煤系土浅层边坡滑移特征和煤系土浅层边坡生态防护技术。

1.6　主要研究内容和思路

1.6.1　主要研究内容

针对煤系土边坡存在的浅层滑移破坏问题，在探讨煤系土浅层边坡滑移特征基础上，主要研究 GFRP 锚杆力学性能和生态基材特性，GFRP 锚网植被防护技术受力变形特性、理论计算、设计方法和生态效果评价。主要研究内容包括：

（1）针对煤系土浅层边坡破坏频发问题，分析其失稳形式和研究煤系土浅层边坡滑移机理。

（2）基于煤系土浅层边坡滑移力学特性、GFRP 锚杆力学性能和煤系土生态基材最优配置，提出适用于煤系土浅层边坡稳定和生态保护的 GFRP 锚网植被护坡技术。

（3）采用模型试验研究了 2 种工况下的 GFRP 锚网植被护坡技术护坡的受力变形特征，基于有限元强度折减法和可靠度分析响应面法探究影响 GFRP 锚网植被边坡稳定性的因素敏感性、参数设计、护坡效果。

（4）基于 GFRP 锚杆退化模型和植物根系增强模型，提出不同时效的 GFRP 锚网植被护坡技术设计计算方法。

（5）GFRP 锚网植被护坡技术的植被群落形成研究和生态效果评价。

1.6.2　研究思路

以昌栗高速公路沿线浅层失稳的煤系土边坡为依托，综合现场调研、试验研究、数值分析等手段分析了某高速公路沿线煤系土浅层边坡失稳形式和揭示了煤系土浅层边坡滑移机理，针对性地提出了 GFRP 锚网植被护坡技术，研究了 GFRP 锚网植被防护边坡的受力变形特性，建立了不同时效的 GFRP 锚网植被护坡力学模型和评价了其生态防护效果。技术路线如图 1.5 所示。

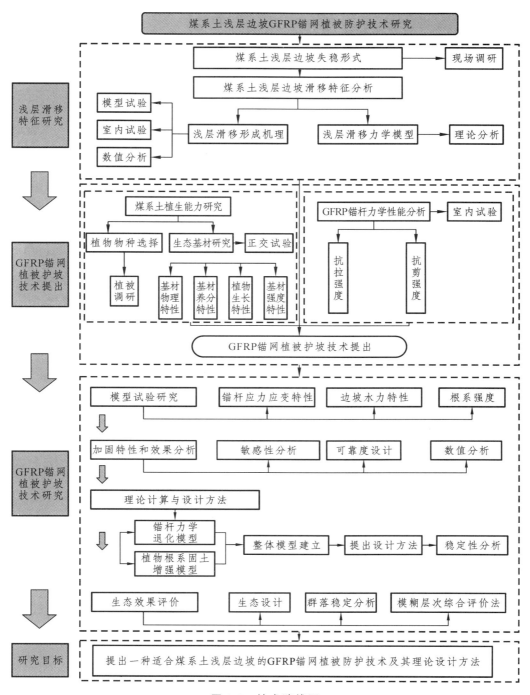

图 1.5　技术路线图

第 2 章　煤系土浅层边坡滑移机理分析

煤系土具有结构松散、风化速度快、黏结能力弱、水敏感性较显著等特点。近年来，由于受干湿交替、降雨影响且具有特殊的工程性质，煤系土浅层边坡病害越来越多。同时，如边坡开挖防护不到位，则浅层病害会重复出现，并且破坏范围不断向深层发展，导致更大的深层滑坡。因此，深入认识煤系土浅层边坡病害失稳形式和发生机制是十分重要的，可为后续的病害防治提供理论基础和参考依据。

煤系土浅层边坡病害的发生受地形地貌、水力地质条件、人类工程活动等多种因素的影响，在研究煤系土边坡的浅层病害特征时应充分考虑各因素所起的作用。本章以江西省宜春市袁州区至萍多市上栗县的昌栗高速公路沿线段煤系土边坡为研究对象，开展相关病害调查、室内试验、模型试验和数值分析研究。

2.1　研究概况

2.1.1　地理概况

昌栗高速公路袁州区至上栗县段分布着大量的煤系土边坡。该区域地处扬子准地台与华南褶皱系交界的江西著名地质构造——萍乐拗陷带。地貌主要为丘陵和山地，地形为地垒式断块中山与地堑式丘陵相间排列、相互交错，呈 V 或 U 字形起伏，褶皱及断裂构造较发育，平均海拔高度为 233 m。该地区公路沿线边坡植被多为草本植物和灌木植物。路线所经地区为九岭山工程地质区，出露地层较多，主要是灰岩、千枚岩和板岩、炭质页岩甚至煤层，岩性非常复杂。该区域地处中亚热带季风性湿润性气候，四季分明，温和多雨，年平均气温为 16.0～17.5 ℃；冬季湿冷，最低温度常低于零度；夏季炎热，最高温度可达 41.5 ℃。研究区平均年降雨量为 1 300～1 700 mm，5～7 月平均降雨量较多，占年总量的 44%。研究区年平均日照时数在 1 500～1 600 h，平均无霜期为 270 d。

自从 2014 年昌栗高速公路开始建设以来，该段沿线形成了大量的煤系土边坡。煤系土边坡的浅层破坏现象被多次报道，典型病害的地理位置如图 2.1 所示。

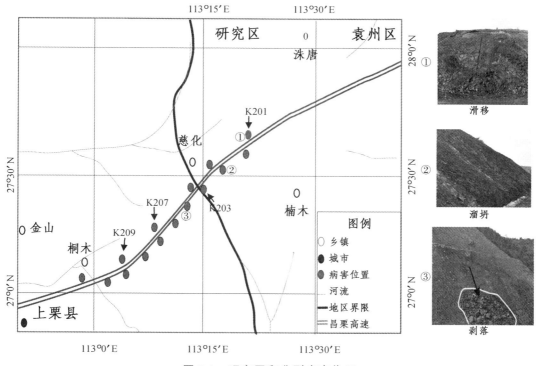

图 2.1 研究区和典型病害位置

2.1.2 病害统计

自 2015 年以来，相关单位针对研究区内煤系土浅层边坡灾害开展过多次野外调查，根据现场调研结果对煤系土浅层边坡病害按照形成原因和物质成分进行了类别划分，见表 2.1。

表 2.1 煤系土浅层边坡主要病害统计

编号	工点名称	病害类型	破坏深度	病害描述
1	K201+101~173 左侧路堑边坡	坡面溜坍	0~2 m	边坡岩性以炭质泥岩为主，坡面风化破碎较严重，强降雨导致坡面含水率高，发生坡面溜坍
2	K201+211~298 左侧路堑边坡	溜坍	0~2 m	边坡岩性主要为炭质页岩，强降雨导致一级边坡坡顶部分出现溜坍，溜坍体堆积在坡底
3	K201+398~432 左侧路堑边坡	浅层滑移	0~4 m	边坡岩性主要为灰岩和炭质页岩，风化严重，在雨季发生浅层滑动
4	K203+722~943 右侧路堑边坡	浅层滑移	0~4 m	边坡岩性主要为炭质页岩，坡面煤系土风化严重，形成的残积层因积水下渗而滑动
5	K204+211~298 右侧路堑边坡	浅层滑移	0~3 m	边坡岩性以板岩为主，局部为炭质页岩，积水下渗而浅层滑动

编号	工点名称	病害类型	破坏深度	病害描述
6	K206+110~200 左侧路堑边坡	风化剥落	0~1 m	边坡岩性以炭质页岩为主，表面岩层风化严重，出现剥落
7	K207+436~509 右侧路堑边坡	溜坍、浅层滑移	0~3 m	边坡岩性以炭质页岩为主，积水下渗发生溜坍和浅层滑移
8	K207+423~667 左侧路堑边坡	崩塌	0~2 m	边坡岩性主要以炭质灰岩为主，下部为炭质页岩，台阶和坡面出现崩塌
9	K207+610~800 右侧路堑边坡	浅层滑移	0~4 m	边坡岩性主要以炭质灰岩为主，下部为炭质页岩或浅层煤系基岩，积水下渗呈现膨胀粉化现象，强度剧烈降低导致滑动
10	K208+808~722 左侧路堤路堑边坡	溜坍	0~2 m	边坡岩性主要全风化炭质泥岩，岩体破碎，降雨坡面岩体含水率增大，发生溜坍现象
11	K209+059~344 左侧路堑边坡	崩塌、剥落	0~2 m	边坡岩性主要为炭质页岩，一级边坡坡面出现崩塌、落石
12	K209+659~876 右侧路堑边坡	浅层滑移	0~3 m	边坡岩性主要为第四系更新统黏土和三叠系上统炭质灰岩，片石护坡结构被破坏，降雨发生蠕滑现象
13	K210+087~321 右侧路堑边坡	浅层滑移	0~3 m	边坡岩性主要为第四系更新统黏土和中生界石炭统剑阁组炭质页岩，在雨季产生一级边坡滑移现象
14	K210+564~673 左侧路堑边坡	坡面溜坍	0~1 m	边坡岩性主要为第四系更新统黏土和中生界石炭统剑阁组炭质泥岩，在雨季产生坡面溜坍
15	K211+144~451 右侧路堑边坡	风化剥落	0~2 m	边坡岩性主要为第四系更新统黏土和中生界石炭统剑阁组炭质泥岩，坡面风化剥落
16	K211+641~852 左侧路堑边坡	风化剥落	0~2 m	边坡岩性主要以炭质千枚岩和板岩为主，裂隙较发育，坡面风化剥落

由表 2.1 可知，研究区的煤系土边坡有 16 处深度小于 4 m 的病害，主要失稳形式可分为风化剥落、崩塌、溜坍（含坡面溜坍）和浅层滑移 4 类，病害数量分别为浅层滑移 7 处、溜坍（含坡面溜坍）5 处、风化剥落 3 处、崩塌 2 处。其中：崩塌和风化剥落主要为变形深度小于 2 m 的边坡表面局部变形;浅层滑移主要为变形深度小于 4 m 的全风化层或上层滞水活动层。煤系土浅层边坡地质灾害不容忽视，特别是占比大的浅层滑移。

2.1.3　失稳形式分析

煤系土边坡灾害是由自然界各种作用而导致的，表现出不同的失稳形式。下面分别介绍煤系土边坡的 4 种浅层失稳形式。

1. 风化剥落

煤系土风化剥落系指边坡炭质岩石或土体由于温度和湿度的变化（干湿交替、降雨等）破坏了岩土结构而出现的碎裂形成碎屑状岩土并剥离母岩土体的现象。煤系土风化现象显著，剥落后碎屑状岩土体较多停积于边坡的表部或沿坡面滚落堆积于坡脚。

2. 崩　塌

崩塌也是煤系土边坡的一种地质灾害，指在重力作用下较陡斜坡上（坡比大于1:0.75）的炭质岩石或土体突然脱离岩体发生先崩落然后滚动到坡脚并堆积的现象。崩塌是煤系岩石或土体在不稳定因素作用下长期蠕变或裂缝发育的结果，具有明显的倾落或拉断现象。

3. 溜　坍

溜坍为边坡的浅表层岩土破坏现象，是指边坡表面的岩土体在降雨作用下发生的溜坍灾害，滑面深度一般为 0.5～2 m。这类灾害已成为赣西煤系土地区交通运输工程和市政建设工程的常见病害。溜坍的规模相对不大，但潜在危险性较大，具有突发性和频发性。现场的煤系土溜坍过程往往表现为渐进变形，分为两个阶段：

（1）变形初期阶段，坡面中下部出现裂缝并且发展或鼓出，边坡上部或坡顶出现断断续续的张拉裂缝。

（2）当裂缝发展贯通和达到一定深度时，在降雨诱导下，边坡沿着滑面发生溜坍，在坡脚形成堆积的溜坍体。

现场调研发现清除一部分溜坍后滑面大致为平面，且走向大致与原坡面平行，不同于其他土质滑坡的圆弧滑面。当溜坍上缘位于坡面时称为坡面溜坍，坡面煤系土溜坍在形态上常呈马蹄状或桃形；当溜坍上缘位于坡顶或上一级边坡时发生整坡溜坍。溜坍现场如图 2.2 所示。

（a）K201+101～173 左侧路堑边坡　　　　（b）K201+211～298 左侧路堑边坡

图 2.2　溜坍现场图

4. 浅层滑移

浅层滑移指在降雨、地震、风化及人工活动等外力或重力作用下斜坡上的岩土体沿着滑动面发生整体或者分散的向下滑移破坏的现象。由于煤系土具有风化速度较快、黏结力差等特点，开挖后斜坡表面往往堆积一定厚度的全风化层。在重力、降雨、外荷载或其他因素作用下，煤系土发生软化作用，浅部全风化层沿滑动面逐渐演化为整体或部分顺层滑移（图2.3）。

（a）K207+553~685右侧路堑边坡　　　　　（b）K203+722~943右侧路堑边坡

图2.3　浅层滑移现场图

2.1.4　K207煤系土浅层边坡滑移概述

由上节对煤系土浅层边坡失稳形式分析可知，浅层滑移的数量最多且破坏性较大，并可能包含其他形式病害，应重点研究。本章将选取组成昌栗高速K207+436~509路堑边坡的浅层滑移破坏为代表进行研究，如图2.4所示。

由图2.4（a）可知，K207+436~509边坡由两级边坡组成，高为21 m：一级边坡高11 m，坡比为1：1.5；二级边坡高10 m，坡比为1：1.25。该边坡于2015年开挖，岩土性质主要为弱风化的炭质岩层、强化风炭质层和全风化煤系土。该第二级边坡在2017年发生浅层滑移，如图2.4（b）所示，坡顶处覆盖厚1~2 m的黏土杂碎石，坡面由灰褐色煤系土和棕黄色含砾粉质黏土组成。滑移体部分与母体分离，滑移面光滑。滑移面的深度在2.5~3.0 m，属于浅层滑移，边坡坡面含有大量的裂缝，说明该边坡浅层受到季节交替和大气变化（干湿交替、降雨、温度变化等）的剧烈影响。由图2.4（c）可知，该二级边坡还发生了溜坍破坏，溜坍体部分溜滑至台阶。

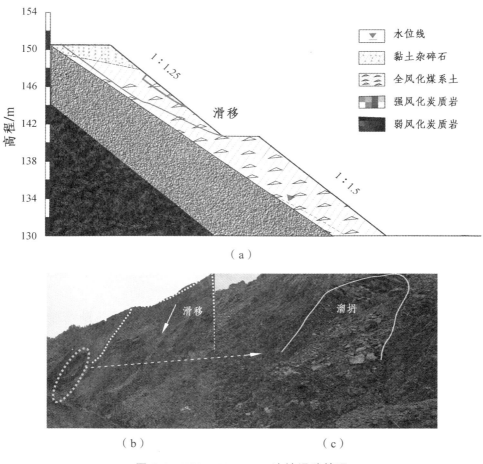

图 2.4　K207+436～509 边坡滑移情况

2.2　边坡浅层煤系土的力学特性

2.2.1　基本物理力学指标

煤系土边坡的浅层滑移受多种因素影响，研究其物理力学指标对滑移的形式机理研究尤为重要。取样地点为 K207+436～509 边坡，取样位置为第二级边坡坡面深约 1～2 m 处，煤系土试样分为 3 组（S1、S2、S3）。按照《公路土工试验规程》[169]对充分崩解后的煤系土物理指标进行测定。其中：采用环刀法测定煤系土试样的天然密度，采用烘干法测量含水率，采用液塑限联合测定仪测定液限和塑限，以及采用自由膨胀试验和收缩试验测定自由膨胀比和缩限，结果见表 2.2。根据规程可得煤系土土样具有弱膨胀性，但存在较大的收缩变形。煤系土试样的塑性指标分布在塑性图 A 线以下，该煤系土性为粉土质砂。

表 2.2　煤系土的物理力学指标

土样编号	天然密度/（kg·m⁻³）	干密度/（kg·m⁻³）	含水率/%	孔隙比	液限/%	塑限/%	塑性指数	自由膨胀比/%	缩限/%
S1	1.84	1.66	16.3	0.60	45.8	34.1	11.7	38.0	9.1
S2	1.83	1.63	15.5	0.59	42.1	31.1	11.0	43.1	10.1
S3	1.81	1.60	14.2	0.58	39.3	27.5	11.8	44.1	11.8

2.2.2　煤系土颗粒分析试验

土壤的颗粒大小、粗细程度与级配是决定煤系土性质的最基本要素。按照规范有关颗粒分析试验的条文，采用筛析法和密度计法（粒径<0.075 mm）进行颗粒分析试验。本试验采用孔径大小为 40 mm、20 mm、10 mm、5 mm、2 mm、1 mm、0.5 mm、0.25 mm、0.075 mm 的筛分仪对 3 组煤系土试样进行粒径分析。采用密度计法测定粒径小于 0.075 mm 的煤系土试样。由试验可知，3 组煤系土试样粒径大于 1 mm 颗粒含量均不超过 20%，粒径大于 0.1 mm 颗粒含量均不超过 50%，且粒径大于 0.01 mm 颗粒含量均超过 50%，说明该浅层全风化煤系土以粉状煤系土为主。煤系土颗粒分析曲线如图 2.5 所示。

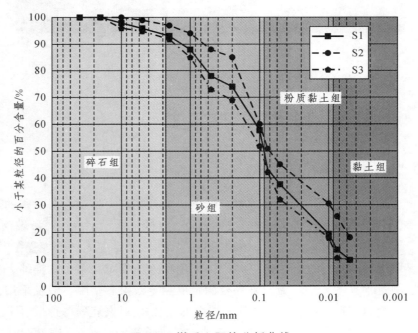

图 2.5　煤系土颗粒分析曲线

2.2.3 煤系土崩解特性

崩解是煤系地层水理性质的直观反映。研究煤系土的崩解特性，可为煤系土路堑边坡稳定性分析提供参考。取样地点为 K207+436～509 边坡，取样位置为距离第二级边坡坡面深约 2～3 m 处。原状全风化煤系土做成煤系土试样在试验前先放入 70 ℃ 的烘箱烘干 24 h，再用毛刷清理煤系土试样表面杂物。崩解试验的一次干湿循环过程为：浸水 24 h→70 ℃ 烘干 24 h。每次干湿循环后的煤系土试样进行筛分并称重得出各粒径组质量，干湿循环总数为 10 次。判定崩解完全标准为前后 2 次循环的质量百分比差值小于 1%。煤系土试样的崩解状态如图 2.6 所示。

图 2.6 煤系土试样的崩解状态

由图 2.6 可得出煤系土试样在 0～4 次干湿循环时崩解剧烈，块状煤系土试样表面裂隙逐步扩展贯通崩解成更小碎块、细粒状或片形剥落状，煤系土试样的崩解程度较高；煤系土试样在 4 次干湿循环时为细粒状崩解，部分颗粒表面的崩解裂纹可见，煤系岩崩解表现出明显的粒渣碎屑化现象。

崩解率和崩解比可用于定量研究煤系土的崩解程度。煤系土试样的崩解率为粒径小于 0.5 mm 的质量与煤系土的总质量的比值，崩解比为第 N_g 次循环后粒径变化曲线下方面积与所有粒径变化曲线下方面积的比值。不同干湿循环作用下煤系土试样的崩解率和崩解比曲线如图 2.7 所示。

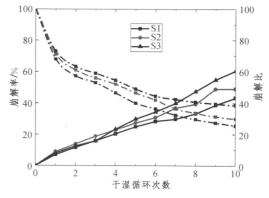

图 2.7 崩解率和崩解比变化曲线图

由图 2.7 可知：随干湿循环次数的增加，煤系土试样的崩解率增大，煤系土的崩解比减小，煤系土试样的最终崩解率大于 40%，S1 土样的崩解比下降了 61.2%。这说明煤系土在干湿循环作用下崩解性较高。

2.2.4　煤系土非饱和特性

1. 试验方案

为了研究边坡浅层煤系土的非饱和特性，采用 DIK-3403 型 PF 水分特征曲线测定仪测定煤系土水分特征曲线。试验的土样取自 K207+436～509 边坡，取样位置为距离坡面深约 1～2 m 处。试验过程如下：

（1）将采集的煤系土试样先风干，过 2 mm 筛，然后洒水配置成 11.5% 含水率试样。

（2）将煤系土试样制作成密度为 1.6 g/cm³ 的环刀试样并编号，然后采用真空饱和仪进行饱和 48 h。

（3）称量饱和后的煤系土试样，放入 DIK-3403 型 PF 水分特征曲线测定仪并进行密封。

（4）分别按照基质吸力 1 kPa、5 kPa、10 kPa、20 kPa、50 kPa、100 kPa、200 kPa、400 kPa 和 800 kPa 对煤系土试样进行加压并稳压至排水量小于 0.005 mL/h。

（5）取出各级加压后的煤系土试样进行称重，并放入 105 ℃ 的烤箱中烘干 24 h，计算得煤系土试样在不同基质吸力时的含水率。

2. 结果分析

经过测定，煤系土试样的基质吸力和含水率见表 2.3。

表 2.3　煤系土的基质吸力和含水率试验数据

基质吸力/kPa	1	5	10	20	50	100	200	400	800
含水率/%	21.12	20.54	18.98	15.37	9.15	6.94	6.11	5.67	5.29

根据表 2.3 的基质吸力和含水率试验数据拟合得到煤系土的土-水特征曲线，如图 2.8（a）所示。

采用 Van Genuchten 模型拟合煤系土土-水特征曲线，得到 VG 模型的拟合方程，相关系数大于 0.95，如式（2.1）所示。

$$\frac{\theta - \theta_r}{\theta_s - \theta_r} = \left[\frac{1}{1 + (0.06\psi)^{2.22}} \right]^{0.55} \tag{2.1}$$

式中：θ 表示体积含水率（%）；

θ_r 表示残余含水率（%）；

θ_s 表示饱和积含水率（%）；

ψ 表示基质吸力（kPa）。

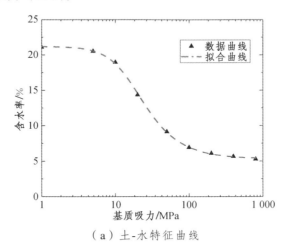

（a）土-水特征曲线

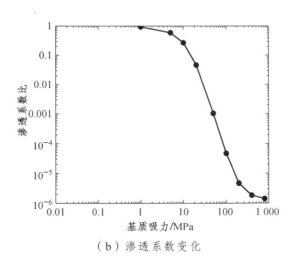

（b）渗透系数变化

图 2.8　煤系土的土-水特征曲线及渗透系数变化

将式（2.1）代入 Mualem 与 Burdine（伯丁）提出的导水率模型，得到相对渗透系数 k 与基质吸力 ψ 的关系式（2.2）以及变化曲线，如图 2.8（b）所示。

$$k(\psi) = \frac{\left\{1 - (0.06\psi)^{1.22}\left[1 + (0.06\psi)^{2.22}\right]^{-0.55}\right\}^2}{\left[1 + (0.06\psi)^{2.22}\right]^{0.28}} \tag{2.2}$$

2.2.5　煤系土强度衰减特性

为了研究边坡浅层煤系土在干湿循环和降雨作用下的强度衰减特性，采用 TSZ-1 型全自动应变控制式三轴仪进行煤系土试样的三轴试验。

1. 试验方案

试验的土样取自 K207+436～509 边坡，取样位置为距离坡面深约 1～2 m 处。将采集的煤系土试样放在 70℃ 的烤箱中烘干 24 h，过 2 mm 筛；然后洒水至最佳含水率（通过击实试验测得最佳含水率为 11.5%），静置 2 h；最后按照土工试验方法，将煤系土试样制成标准三轴试样（高度为 80 mm，直径为 39.1 mm），三轴试样密度均为 1.6 g/cm³。三轴试验的加载速率为 0.01 mm/s，如图 2.9 所示。

（a）试样　　　　　　　　　　　（b）三轴仪

图 2.9　三轴试验图

（1）干湿循环过程。浅层煤系土大多处于非饱和状态，季节性的气候变化使得煤系土受干湿交替影响，干湿交替会使煤系土的强度发生变化[170]。为了分析干湿循环作用对煤系土强度衰减规律的影响，煤系土试样在三轴试验中分别经历 1 次、2 次、3 次、4 次、5 次干湿循环。1 次干湿循环含有润湿和干燥两个步骤。大气条件下雨水入渗、地下水位上升和蒸腾作用引起的土壤润湿和干燥过程与一维水分运移过程相似。为了模拟自然条件下干湿循环对土壤强度的影响，我们采用了近似一维水分传递模拟的方法。在润湿和干燥阶段，三轴试样的侧面（曲面）用塑料膜包裹，水分只能通过三轴试样的上下底面进行润湿和干燥。润湿过程为采用滴管对三轴试样的上下底面持续加水 2 h，再静置 2 h。干燥过程为将三轴试样放在 70 ℃ 的烤箱中烘干 48 h 左右。前后两次干湿循环过程试样的含水率采用土样总量不变来控制，精度为 ±0.2 g。

（2）不同含水率。天然的煤系土含水率范围为 5%～11%，降雨时煤系土含水率范围为 13%～22%，故按照规程[169]要求设计含水率 θ 为 5.5%、8.5%、11.5%、14.5%、17.5%、20.5% 的 6 组试样。煤系土试样先配制成含水率 11.5%，然后制成三轴煤系土试样和真空抽气饱和试样，采用恒温箱进行脱湿达到设计含水率。

2. 结果分析

为了分析干湿循环和降雨对煤系土抗剪强度指标的影响，试验结果得出了不同干湿循环次数和不同含水率的煤系土黏聚力和内摩擦角的变化曲线，如图 2.10 所示。

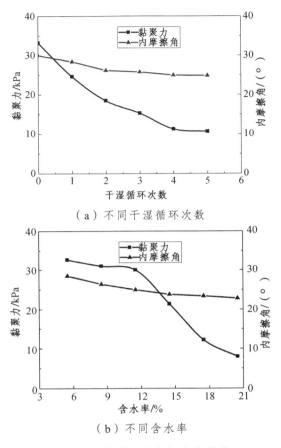

（a）不同干湿循环次数

（b）不同含水率

图 2.10　抗剪强度指标变化曲线

由图 2.10 可知，煤系土黏聚力随干湿循环次数的增加而减小，并在干湿循环达到 4 次后趋于稳定。煤系土黏聚力随含水率的增加呈先缓慢减少达到一定含水率后快速降低的趋势。干湿循环次数和含水率对煤系土的内摩擦角变化影响较小。

为了定量研究干湿循环和降雨时煤系土强度衰减规律，黏聚力的衰减程度采用衰减度来表示。衰减度 η_c 表达式如下：

$$\eta_c = \left(1 - \frac{c_N}{c_o}\right) \times 100\% \tag{2.3}$$

式中：η_c 表示黏聚力的衰减程度；

c_N 表示 N_g 次循环后的黏聚力（kPa）；

c_o 表示初始黏聚力（kPa）。

通过拟合得煤系土黏聚力衰减度拟合曲线，如图 2.11 所示。

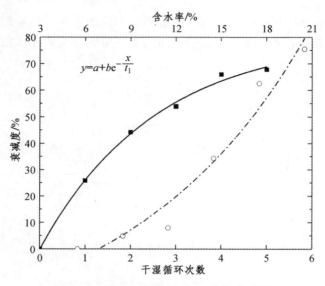

图 2.11　煤系土黏聚力衰减度拟合曲线

根据式（2.3）和图 2.11 可知，随着干湿循环次数和含水率的增加，黏聚力衰减度增大。黏聚力衰减幅值随干湿循环次数增加逐渐减小，而随含水率的增加逐渐增大。这主要是由于煤系土颗粒在 3 次循环后趋于均匀地堆积和排列，并且煤系土的表面摩擦或咬合力趋于稳定，煤系土颗粒的摩擦或咬合力在含水率超过 14.5%时迅速衰减。为了深入研究煤系土黏聚力的衰减规律，假设黏聚力的衰减程度符合式（2.4）的指数函数关系，拟合结果见表 2.4。拟合公式（2.4）的相关系数都大于 0.85，说明式（2.4）较好地拟合了黏聚力的衰减系数曲线。

$$\eta_c(N_g) = \zeta_1 - \zeta_2 e^{-N_g/\zeta_3} \qquad (2.4)$$

式中：ζ_1 值表示最终衰减度，可以通过试验直接获得；

　　　ζ_2 值表示控制衰减度的参数，其值越大表示强度指标衰减的速度越快；

　　　ζ_3 表示拟合参数。

表 2.4　煤系土黏聚力衰减度拟合参数值

工况	ζ_1	ζ_2	ζ_3	R^2
干湿循环	79.86	79.94	2.51	0.989
含水率	−36.52	−20.33	−11.76	0.935

从表 2.4 可以看出：干湿循环使煤系土黏聚力衰减达 79.86%；煤系土含水率接近 21%（基本饱和）时，其黏聚力趋近于零。

这说明干湿交替和降雨作用引起的干湿循环次数和含水率的增加显著影响煤系土的结构和力学特性。在实际煤系土边坡防护中，应充分认识干湿交替和大气变化对煤系土浅层边坡的影响，加强对煤系土浅层边坡防护技术的研究。

2.3 浅层滑移模型试验研究

为了分析昌栗高速公路 K207 煤系土边坡的滑移机理，本节基于物理模型试验开展煤系土浅层边坡在干湿循环和降雨作用下的渗流特征分析和变形破坏特性研究。

2.3.1 相似理论

相似理论为开展物理模型试验的理论基础，已被学者广泛应用于模型试验中。相似理论是基于物理原型现象在模型试验上重现的相似原理，要求试验模型和物理原型遵循几何形状、物理参数、荷载大小等相似性规律。本试验采用量纲分析法和弹性力学方程建立相似理论。

在相似比理论中，几何相似为相似理论的基础，采用几何相似常数 C_l 表示。几何相似需要试验模型和物理原型的几何形状满足相似比例关系，几何相似常数 C_l 等于两者对应部分的比值。

$$C_L = \frac{L_m}{L_p} \tag{2.5}$$

式中：L_m 为试验模型的尺寸；

L_p 为物理原型的尺寸。

物理和力学性质相似要求试验材料的容重 γ、泊松比 μ、摩擦角 φ、黏聚力 c、降雨强度 q 和饱和渗透系数 k_s 满足各自相似比例关系，各相似关系如下：

容重 $\qquad\qquad C_\gamma = \frac{\gamma_m}{\gamma_p}$ $\qquad\qquad\qquad\qquad\qquad\qquad$ （2.6）

泊松比 $\qquad\qquad C_\mu = \frac{\mu_m}{\mu_p}$ $\qquad\qquad\qquad\qquad\qquad\qquad$ （2.7）

弹性模量 $\qquad\qquad C_E = \frac{E_m}{E_p}$ $\qquad\qquad\qquad\qquad\qquad\qquad$ （2.8）

摩擦角 $\qquad\qquad C_\varphi = \frac{\varphi_m}{\varphi_p}$ $\qquad\qquad\qquad\qquad\qquad\qquad$ （2.9）

黏聚力 $\qquad\qquad C_c = \frac{c_m}{c_p}$ $\qquad\qquad\qquad\qquad\qquad\qquad$ （2.10）

降雨强度 $\qquad C_q = \sqrt{C_L}$ $\hfill$ （2.11）

饱和渗透系数 $\qquad C_{k_s} = \sqrt{C_L}$ $\hfill$ （2.12）

根据现有模型箱尺寸（长 1.2 m、宽 0.6 m、高 1.0 m）和降雨模型试验技术参数，确定长度相似常数 C_L 为 20；为了考虑自重作用下岩土的滑移推动作用，本试验容重相似常数 C_γ 为 1；其余相似比常数见表 2.5。

表 2.5 浅层滑移模型试验相似比

参数	相似关系	相似常数
长度	C_L	20
容重	$C_\gamma = \dfrac{\gamma_m}{\gamma_p}$	1
黏聚力	$C_c = C_\gamma C_L$	20
弹性模量	$C_E = \dfrac{C_\sigma}{C_\varepsilon}$	5
内摩擦角	$C_\varphi = \dfrac{\varphi_m}{\varphi_p}$	1
泊松比	$C_\mu = \dfrac{\mu_m}{\mu_p}$	5
降雨强度	$C_q = \sqrt{C_L}$	$\sqrt{20}$
渗透系数	$C_{k_s} = C_q$	$\sqrt{20}$

根据以上相似常数，采用黏土、河砂、石膏、水泥和水进行正交试验确定各模拟土层岩土力学参数，见表 2.6。全风化煤系土层采用煤系土、石膏和河砂（质量比为 1：0.5：1）调制而成；强风化炭质层采用水泥、石膏、水和河砂（质量比为 1：0.5：1：80）调制而成。

表 2.6 模拟土层主要物理力学参数

土层	容重 $(/kN \cdot m^{-3})$	弹性模量 $/kPa$	饱和渗透系数/ $(mm \cdot h^{-1})$	初始黏聚力/ kPa	初始内摩擦角/ （°）	泊松比
全风化煤系土层	16.10	1.85×10^4	1.76	0.99	25.30	0.32
强风化炭质层	17.90	5.50×10^4	0.04	1.76	30.60	0.24

2.3.2 模型方案

1. 模型装置

根据现场的调研和室内力学试验，建立煤系土浅层滑移模型。该模型包括模型箱、人工降雨系统、水力监测和变形监测系统。人工降雨系统由微型压力泵、喷头和水管组成；水力渗流特征研究主要监测土壤含水率、基质吸力和孔隙水压力；变形监测系统主要由多个位移传感器和数据采集仪组成。该模型尺寸如图 2.12 所示。

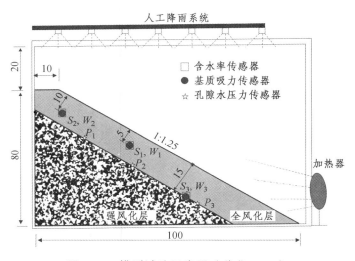

图 2.12　模型试验示意图（单位：cm）

2. 模型材料和试验仪器

试验采用的主要仪器为降雨相关设备和监测仪器。监测仪器主要为温湿传感器、电子土壤张力计、孔隙水压力传感器和数据采集仪。3 种传感器由 NHJLY2801 型数据记录仪记录数据，试验数据每分钟记录一次，如图 2.13 所示。

  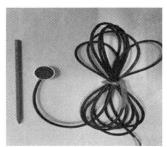

（a）温湿传感器　　　　（b）电子土壤张力计　　　　（c）孔隙水压力传感器

（d）数据采集系统　　　　　（e）喷水系统　　　　　（f）微型水泵

图 2.13　试验仪器

本试验的含水率监测采用 3 个 NHSF48BR 温湿传感器。NHSF48 土壤水分传感器是基于介电理论并运用频域测量技术自主研制开发的，能够精确测量土壤体积含水率，具有全自动化、快速准确、简便安全等优点。NHSF48 土壤水分传感器的监测原理是根据土壤含水率的变化联动土壤介电特性的变化，进而联动土壤探针阻抗变化，从而通过电压的变化测量出土壤的含水率，其参数见表 2.7。

表 2.7　温湿传感器参数

参数	数值
土壤水分测量量程	0～100% 体积含水率
土壤水分测量精度	0～50%范围内为 ±2%，50%～100%范围内为 ±3%
土壤温度测量量程	−40～80 ℃
土壤温度测量精度	±0.5 ℃
工作频率	420～510 MHz，850～930 MHz
输出阻抗	<1 kΩ

本试验的基质吸力监测采用 3 个菱云科技生产的电子土壤张力计。张力计由克力管、传感器及陶瓷探头组成。使用前，在克力管中先注满水，保持陶瓷探头湿润，阻止外部空气进入陶瓷探头；使用时，根据被测土壤的水势与张力计的压差，张力计中的水会通过陶瓷探头渗入被测土壤直至达到平衡状态，此时传感器所显示的值即为被测土壤的基质吸力。土壤张力计参数见表 2.8。

表 2.8 土壤张力计参数

参数	数值
测量范围	0~150 kPa
精度	±0.50 kPa
分辨率	±0.10 kPa
尺寸	25 mm（直径）、600 mm（长）
工作温度	0~60°C

本试验的孔隙水压力监测采用 3 个 KYJ-350 传感器，其监测范围为 0~150 kPa，精度为 ±0.1%。微型孔隙水压力计参数见表 2.9。

表 2.9 微型孔隙水压力计参数

参数	数值
阻抗	350 Ω
测量范围	0~0.2 MPa
外形尺寸	长 27 mm×宽 15 mm
接线方式	输入→输出：AC→BD
分辨率	≤0.1%F.S.（0.1%满量程）
绝缘电阻	≥200 MΩ

3. 试验过程

模型试验过程可分以下几个步骤：

（1）采用水泥、石膏、河砂和水填筑强风化炭质岩层。每 5 cm 厚土层进行一次压实。

（2）填筑全风化煤系土层，厚 15 cm，坡高 80 cm。过 2 cm 筛的土样分 3 层进行填筑和压实，每层土厚 5 cm，坡比为 1:1.25，放置 1 个月。

（3）分别在边坡中部不同深度（5 cm、10 cm 和 15 cm）埋设张力计、孔隙水压力传感器和温湿传感器。

（4）安装降雨系统（喷头、水管和微型水泵），调制喷头系统水流量 q。根据相似比和降雨面积（60 cm×110 cm）调制降雨强度 2 mm/h（小雨）的喷头水流量 q 为 0.30 L/h，历时为 2 h。

（5）放置加热器，对坡面连续进行高温（加热）4 h，温度设置为 100 °C。

（6）结合江西省萍乡市的降雨特点和相似比，根据相似比和降雨面积（60 cm×110 cm）调制降雨强度 60 mm/h（大暴雨）的喷头水流量 q 为 8.82 L/h。试验边坡干燥和降雨如图 2.14 所示。

（a）加热

（b）降雨

图 2.14　试验模型图

2.3.3　结果分析

1．渗流特性

试验过程中含水率、基质吸力和孔隙水压力随历时的变化如图 2.15 所示。

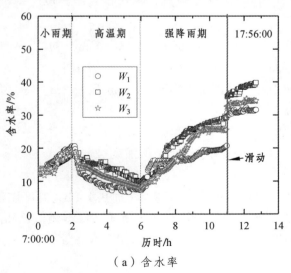

（a）含水率

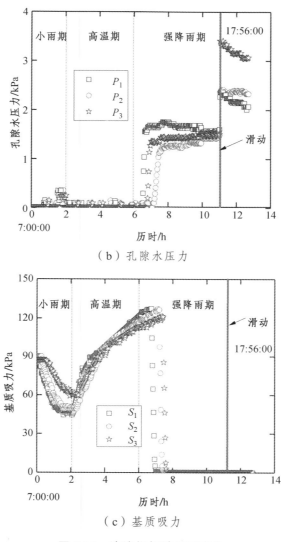

（b）孔隙水压力

（c）基质吸力

图 2.15　渗流指标随历时变化

由图 2.15（a）可知：小雨时，降雨初期的 3 个监测点（S_1、S_2 和 S_3）含水率未发生变化。当降雨入渗 0.15 h 时，雨水首先达到埋深 5 cm 处的 W_1 点；雨水达到埋深 10 cm 处的 W_2 点历时 0.50 h；雨水达到软弱交界面上的 W_3 点历时 0.95 h。3 个监测点含水率随着小雨历时增加而缓慢增大。高温时，3 个监测点含水率在初期没有变化，随着边坡浅层水分的蒸发，3 个监测点的含水率缓慢降低。强降雨时，在湿润锋到达到 3 个监测点后，含水率快速增大直至饱和状态。

由图 2.15（b）可知：3 个软弱交界面监测点（P_1、P_2 和 P_3）孔隙水压力在小雨 1.65 h 时变化较小，说明小雨期的雨水达到软弱交界面的较少；孔隙水压力在高温一定时期后下降为零，说明高温时，一部分水通过渗流边界流出，一部分雨水蒸发。3

个软弱交界面监测点（P_1、P_2 和 P_3）孔隙水压力在强降雨 0.83 h 左右时突然增加。

由图 2.15（c）可知：3 个监测点（S_1、S_2 和 S_3）的基质吸力在小雨入渗 0.33 h 时慢慢降低为 40 kPa，基质吸力在高温 0.40 h 后经历了先快速后缓慢的增加过程。在强降雨时，S_1、S_2 和 S_3 点的基质吸力先后急剧下降为零。

以上分析可知：随历时的增加，边坡含水率先缓慢增加，后缓慢减小；基质吸力的变化和含水率相反。强降雨后，雨水首先渗入最浅的 5 cm 处，其体积含水率和孔隙水压力急剧增加，基质吸力急剧下降为零。湿润锋先后到达 10 cm 和 15 cm 处时，含水率、基质吸力和孔隙水压力与 5 cm 处的变化趋势相同。在历时 10.93 h（小雨 2.00 h—高温 4.00 h—强降雨 4.93 h）后，软弱交界面上的孔隙水压力突然增大，并发生浅层滑移。

2. 滑移变形破坏特征

在小雨、高温和强降雨条件下，边坡变化如图 2.16 所示。

结合观测的边坡变化，边坡的变形破坏特征可归纳为 4 个阶段：

（1）坡面形成裂缝阶段：边坡在小雨时变化较小，边坡表面在高温阶段越来越干燥，在历时 3.67 h 时坡面陆续出现裂缝并扩展，裂缝宽度随着加热时间增加越来越大。

（a）坡面干燥裂缝

（b）坡脚侵蚀和后缘裂缝扩展

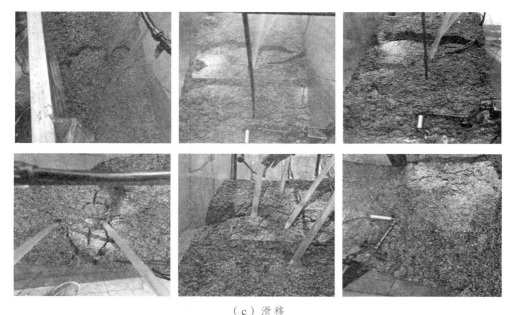

（c）滑移

图 2.16　模型边坡的破坏变化特征

（2）坡面和坡脚侵蚀阶段：雨水一部分沿坡面裂隙进入坡体，另一部分沿着坡面流动集中在坡脚处，坡脚煤系土逐渐软化，并在坡脚形成自由面。坡面被雨水侵蚀产生部分溜坍。

（3）坡面后缘裂缝扩展阶段：该阶段被侵蚀煤系土强度自下而上逐渐减小，随着后缘裂缝的扩展，坡上部的煤系土在重力作用下有沿坡面不断泥化并有蠕滑趋势。随着降雨历时的增加，裂缝在坡体后缘逐渐扩展，缝宽越来越大。

（4）浅层滑移阶段：局部裂缝不断扩大，随着雨水进入产生孔隙水压力，煤系土裂缝尖端达到饱和，强度降低，边坡滑移面逐渐形成。当孔隙水压力达到一定值时边坡产生滑移，然后上缘被拉裂，最后发生滑移破坏。其浅层滑移模式为蠕滑-拉断-滑移型。

2.4　浅层滑移数值分析

2.4.1　数值模型建立

为了模拟煤系土边坡的浅层滑移，采用 ABAQUS 软件建立三维模型。选取昌栗高速 K207 第二级边坡进行建模。该边坡坡度为 1∶1.25，坡高 10 m，模型宽 10 m。试验区边坡简化几何尺寸和网格如图 2.17 所示，模型四周水平方向的位移被约束，底部边界施加竖向约束，下部边界为渗流边界，其他边界均为不排水边界。边坡计算模型有 13 200 个单元，15 433 个节点。

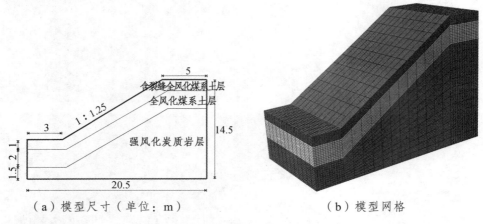

（a）模型尺寸（单位：m）　　　　　（b）模型网格

图 2.17　模型平面尺寸与网格图

2.4.2　数值模型计算参数

为了观察边坡模型在不同降雨强度下的变形破坏情况，设置降雨强度为 40 mm/h（暴雨）和 60 mm/h（大暴雨）。模型边坡各土层的参数由勘察资料和土工试验测得，具体数据见表 2.10。煤系土的土水特征曲线参照 2.2.5 节结果。边坡各土层采用 Mohr-Coulomb 破坏准则。

表 2.10　模拟土层物理力学参数

土层	干密度 / (g・cm^{-3})	弹性模量/kPa	渗透系数 / (m・h^{-1})	初始黏聚力 / kPa	初始内摩擦角/ (°)	泊松比
含裂缝全风化煤系土	1.45	1.11×10^4	0.109	10.70	20.30	0.35
全风化煤系土层	1.71	1.85×10^4	0.054	19.70	25.60	0.30
强风化炭质岩	2.29	2.50×10^5	2.2×10^{-3}	36.10	34.70	0.25

2.4.3　结果分析

降雨强度为 40 mm/h 时，模型边坡水平变形如图 2.18 所示。

由图 2.18 可知，降雨强度为 40 mm/h（暴雨）时，全风化煤系土层和强风化炭质岩层的变形随着降雨时间的增加而增大，坡脚处慢慢隆起。在降雨 8 h 时，强风化炭质岩层出现明显的蠕滑体，前缘明显隆起。模型在 16 h 时出现大变形破坏，即模型边坡出现滑移现象。边坡模型前缘（坡脚）处水平位移在降雨 8 h 时达 59.98 mm。

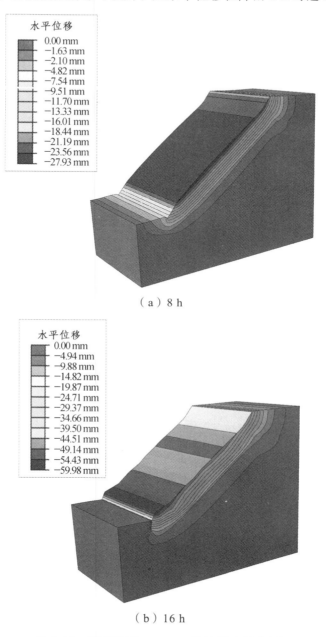

图 2.18 降雨强度 40 mm/h 下边坡水平变形

当降雨强度为 60 mm/h 时，模型边坡水平变形如图 2.19 所示。由图 2.19 可知，降雨强度为 60 mm/h（大暴雨）时，全风化煤系土层的变形随着降雨时间的增加而增大，坡脚处慢慢隆起。在降雨 4 h 时全风化层出现明显的蠕滑体，前缘明显隆起。模型边坡在 5 h 时出现大变形破坏，即模型边坡出现滑移现象。边坡模型前缘（坡脚）处的水平位移在降雨 5 h 时达 45.2 mm。

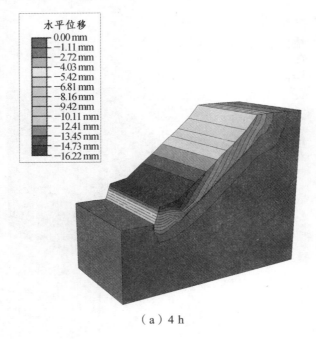

（a）4 h

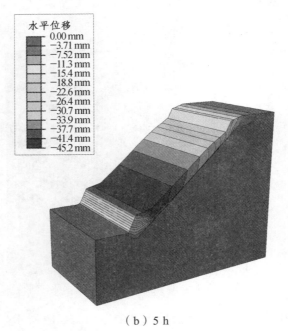

（b）5 h

图 2.19　降雨强度 60 mm/h 下边坡水平变形

两种降雨强度下，模型边坡孔隙水压力随深度变化如图 2.20 所示。

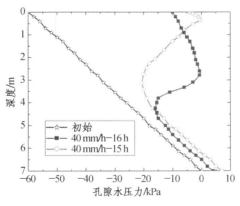

图 2.20 孔隙水压力变化

由图 2.20 可知，在初始状态下，孔隙水压力随着埋深的增加而增大。降雨强度为 40 mm/h 时，历时 16 h 的模型边坡孔隙水压力随埋深的增加而呈现先缓慢增大为零，然后快速减小，最后再增大的过程，在强风化炭质岩层与全风化煤系土层交界处孔隙水压力最大；降雨强度为 60 mm/h 时，历时 5 h 的模型边坡的孔隙水压力变化趋势和降雨强度为 40 mm/h 的相似，但最大孔隙水压力的深度比雨强 40 mm/h 时浅，主要位于全风化煤系土层的干湿循环裂缝区域，说明孔隙水压力在土层界面和不同渗透系数区域变化较大。这是由于雨强 60 mm/h 大于未裂缝区域全风化煤系土层的渗透系数，导致全风化层的雨水渗入量较少，雨水滞留在未裂缝区域全风化煤系土层中，水压力增大，从而导致坡体出现溜坍现象；由于降雨强度 40 mm/h 大于强风化炭质岩层的渗透系数，导致强风化炭质岩层的雨水渗入量较少，雨水滞留在全风化煤系土层中，水压力增大，从而导致坡体出现浅层滑移现象。

为了研究干湿循环和降雨联合对模型边坡的影响，采用强度折减法计算边坡安全系数。裂缝区域全风化煤系土的强度参数变化取 2.2.5 节的不同干湿循环的强度参数，采用强度参数折减法得到边坡干湿循环和强降雨的安全系数，结果如图 2.21 所示。

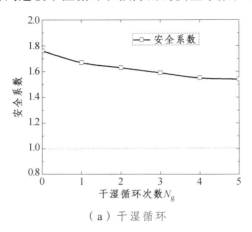

（a）干湿循环

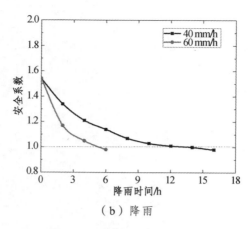

（b）降雨

图 2.21　安全系数变化曲线

由图 2.21 可知，安全系数随着干湿循环次数的增加而缓慢减小。安全系数随着降雨时间的增加而降低，且降幅逐渐减少；安全系数的降幅随着降雨强度的增加而增大。

2.5　大型室外边坡模型试验与宏细观失稳数值模拟

2.5.1　煤系土边坡大型室外模型试验

为了研究降雨入渗条件下煤系土边坡失稳破坏机理，项目组进行了人工降雨室外边坡模型试验。试验边坡模型箱尺寸为 4.5 m×3.0 m×2.4 m（长×宽×高），试验土样取自江西省万载至宜春高速公路项目 A5 标段 K30+120 处煤系土边坡开挖出露的原状土，边坡模型每 40 cm 填筑一层土体，坡率为 1∶1.5。本次人工降雨模拟的降雨强度为江西宜春地区 7 月和 8 月最大降雨强度 9.84×10^{-7} m/s。试验从 2018 年 11 月 19 日 8 点开始，一直持续至 11 月 19 日 18 点结束。现场观察边坡的失稳破坏模式主要是水土流失和雨水冲蚀，形成了不同深度的冲蚀沟，最大冲蚀沟深度达 0.36 m，如图 2.22 所示。

图 2.22　边坡失稳破坏试验现场

本次试验在边坡土体中埋设了 4 行 29 个侧面示踪点，通过模型箱有机玻璃侧面可以清楚地观察到示踪点的运动情况，如图 2.23 所示。通过量测结果分析可知，在持续降雨过程中，边坡土体的主要破坏形式为雨水冲刷，在坡面形成深浅不一的冲蚀沟，最大冲蚀沟深达 0.36 m，发生在靠近坡中偏上的位置。

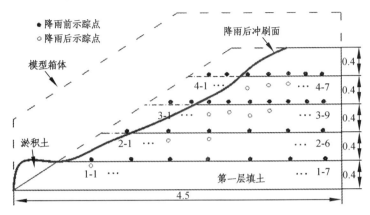

图 2.23 边坡土体示踪点运动变化示意图（单位：m）

为研究雨水在土体中的渗透情况，在边坡坡顶、坡中及坡脚各布置了 3 个土壤水分仪及土壤张力计，各区域传感器埋设深度从上到下分别为 0.2 m、0.4 m、0.6 m。分析试验结果发现：随着降雨时间的增加，雨水入渗的速度在前期渗透较快，随后逐渐变慢；在降雨为 8 h 时边坡土体的入渗情况如图 2.24 所示，土体的暂态饱和深度约为 0.5 m。

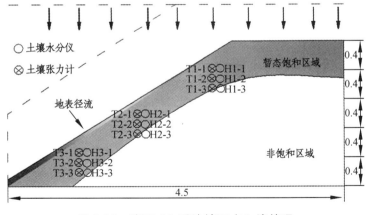

图 2.24 降雨 8 h 后边坡雨水入渗情况

2.5.2 边坡三维细观数值仿真计算

以室外人工降雨边坡模型试验为研究对象，通过 Fish 语言编程建立了三维边坡流固耦合相互作用细观计算模型，如图 2.25 所示。本次模拟的状态为模型边坡在人工降雨作用 8 h 后的工况。根据现场试验结果，雨水在模型边坡土体内形成了暂态饱和区，其渗透深度约为 0.5 m。为方便建模及计算，饱和与非饱和土体的界线以直线代替曲线，土体渗流区设置如图 2.25（b）所示。考虑到雨水作用于坡体之后，径流带动颗粒会在地面流动，所以将流体网格沿坡体前方进行了拓展，以符合实际情况，如图 2.25（b）所示。

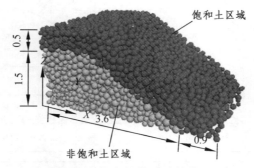

（a）饱和区颗粒分层模型（单位：m）

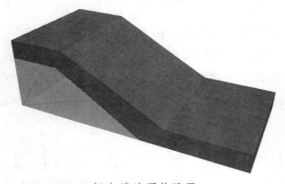

（b）渗流网格设置

图 2.25　降雨入渗下边坡 DEM-CFD 耦合计算模型

根据模型边坡人工降雨的流体特征及降雨强度，对作用于边坡饱和区域的流体参数按照表 2.11 所示的参数进行设置。为使流体流动方向与实际一致，Z 轴的流速与 X 轴的流速之比设为 1∶1.5，同时不考虑在 Y 轴上的流体作用。流体流动的方向如图 2.26 所示，这与室外降雨试验坡体的径流一致。

表 2.11　流体参数设置

密度/（kg/m⁻³）	黏滞系数/（Pa·s）	X 轴流速/（m·s⁻¹）	Z 轴流速/（m·s⁻¹）	Y 轴流速/（m·s⁻¹）	网格数
1000	0.001	0.33	−0.22	0	232

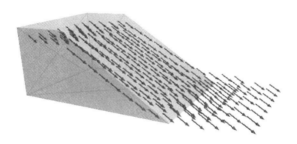

图 2.26　边坡饱和区流体运动方向

1. 边坡土颗粒宏观运动轨迹计算结果分析

为了观察在降雨作用下不同边坡位置处的土颗粒运动情况,将边坡土体进行分区域处理,其中将雨水入渗形成的饱和区分为 4 个区域,非饱和区分为 3 个区域,如图2.27 所示。从图中可看出,随着流体持续作用,坡顶及斜坡上颗粒均发生明显移动,大量颗粒在坡脚处堆积。当计算到 100 000 时步时,模型基本稳定[图 2.27（d）],饱和区颗粒移动非常明显,坡面土体已基本被冲刷破坏。在坡面上,可以看见饱和区与非饱和区交界处,部分非饱和区的颗粒与饱和区的颗粒交织在一起运动,但非饱和区土颗粒整体相对还是比较稳定,说明雨水入渗对边坡饱和区的破坏作用非常明显。

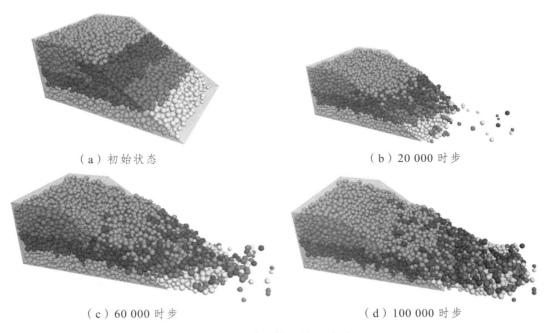

（a）初始状态　　　　　　　　　　　　　（b）20 000 时步

（c）60 000 时步　　　　　　　　　　　　（d）100 000 时步

图 2.27　边坡土体颗粒运动过程

图 2.28 所示为模拟试验结束后从计算模型侧面观察到的土颗粒移动情况。从图2.28（a）可以看出,颗粒的移动主要发生在饱和区,非饱和区局部有颗粒移动,边坡整体会出现一个滑动带,这一现象可以由颗粒的移动清晰地看出。

（a）边坡整体颗粒位移图

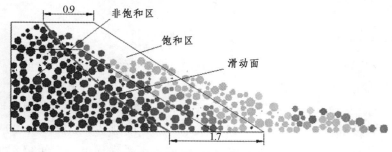

（b）边坡滑动面示意图（单位：m）

图 2.28　边坡侧面颗粒运动轨迹示意图

通过获取计算边坡模型的中截面，运用 CAD 绘制边坡滑动带，如图 2.28（b）所示。从图中可以发现，上部土体发生的位移约为 0.9 m，下部土体发生的位移约为 1.7 m，同时形成一条近似直线状的滑动面。坡顶颗粒被冲刷，冲刷比较严重区域位于斜坡上部，冲刷深度在 0.3 ~ 0.4 m，这与室外边坡模型试验结果比较一致。

2. 边坡土体应力变化计算结果分析

为了解边坡土体在降雨入渗条件下的内部受力变化，以便更好地分析土体内部的破坏机理，模拟计算时在土体内部设置了 17 个测量圆。对边坡施加流体作用后，通过模拟计算得到边坡土体 X、Y、Z 等 3 个方向的应力变化监测数据，然后经 Surfer 软件后处理生成云图，计算结果如图 2.29 所示（限于篇幅，这里只列出了 X 方向的边坡应力变化云图）。

比较各时刻边坡应力演变过程可以发现：

（1）在初始时刻，施加流体作用后，坡顶和斜坡上墙体未去除，颗粒间的接触力较大，其中 Z 方向土体应力最大达到 0.16 MPa，坡脚和坡顶部分应力较小，边坡内部应力较大。

（2）当模型计算到 20 000 时步后，斜坡和坡顶上的应力较坡体内部小，应力集中主要发生在非饱和区。

（3）当模型计算到 60 000 时步后，坡顶和斜坡上部的应力下降较多，坡脚部分应力增加，说明在这段时间坡体内部相对比较稳定，而饱和区土体遭到持续破坏。

（4）当模型计算到 100 000 时步后，边坡各方向应力变化主要发生在坡顶和坡脚，在坡脚处土体应力增加，坡顶部分土体应力减少幅度较大，说明在雨水作用下，坡顶土体被大量冲刷至坡脚堆积，导致坡脚处颗粒大规模堆积。

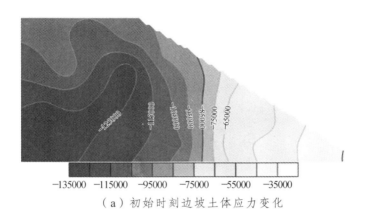

（a）初始时刻边坡土体应力变化

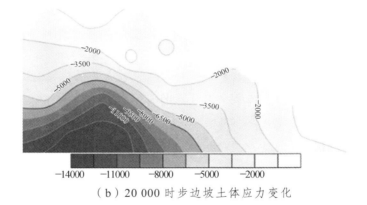

（b）20 000 时步边坡土体应力变化

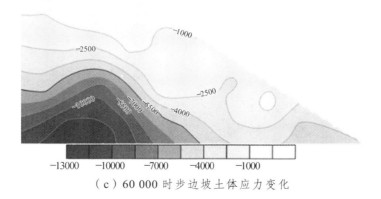

（c）60 000 时步边坡土体应力变化

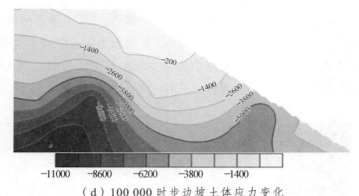

（d）100 000 时步边坡土体应力变化

图 2.29 边坡 X 方向应力变化云图（单位：Pa）

3. 煤系土边坡失稳破坏的细观机理分析

（1）颗粒力链分析。

边坡模型在降雨过程中力链的演变过程如图 2.30 所示。从图中可以看出，随着降雨的持续进行，边坡饱和土体区的力链分布变得比较稀疏，这说明此部分土体颗粒间的接触力较小，表现出极不稳定的状态。在上部流体和颗粒的作用下，力链在非饱和土体下部区域表现得比较密集和粗大，说明边坡内部颗粒间的接触力较大，此区域土体表现得比较稳定。与此同时，力链沿坡体向前产生较大的延伸，斜坡变缓，坡顶及斜坡上力链减少，变得稀疏，说明饱和区颗粒发生了较大移动。当模型计算至 100000 时步后，非饱和区土体颗粒的力链基本没有大的变化，如图 2.30（d）所示。但处于饱和区坡面上的颗粒进一步减少，变得稀疏，说明坡面上的颗粒继续向下移动，造成坡脚处颗粒堆积增多，致使坡脚处和地面上的力链变粗变密。

（a）初始状态

（b）20 000 时步

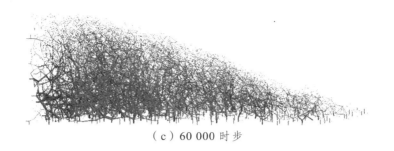

（c）60 000 时步

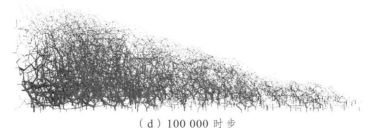

（d）100 000 时步

图 2.30　降雨作用下边坡土体颗粒力链演变过程

（2）颗粒配位数变化分析。

在降雨过程中边坡土体颗粒的配位数变化云图如图 2.31 所示。从图中可以看出，随着降雨的持续作用，边坡土体颗粒的配位数逐渐变小，其中位于饱和区坡顶和坡面上土体颗粒的配位数降幅较大，而坡体内部非饱和区土体颗粒的配位数降幅较小，说明在雨水作用的区域，颗粒间接触不良，结构稳定性变差，在非饱和区的土体内部，颗粒间接触良好，该区域较为稳定。当模型计算到 60 000 时步后[图 2.31（c）、（d）]，饱和区的配位数均变得较小，尤其是斜坡顶部，而坡体内部和斜坡下部配位数较大，说明上部颗粒间的接触较差，在流体作用下，颗粒逐渐向下移动至坡脚处堆积，坡脚处变得密实，稳定性变好。

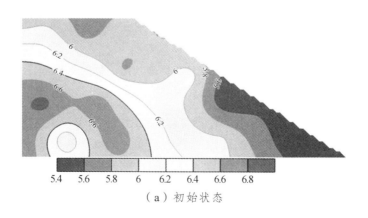

（a）初始状态

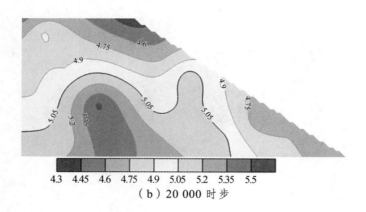

（b）20 000 时步

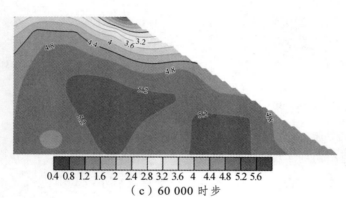

（c）60 000 时步

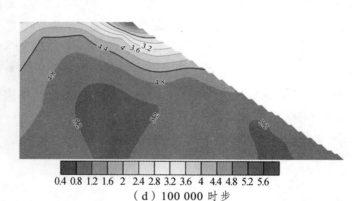

（d）100 000 时步

图 2.31　降雨作用下边坡土体颗粒配位数变化过程

（3）颗粒孔隙率变化分析。

　　在降雨过程中边坡模型孔隙率变化计算结果如图 2.32 所示。从图中可以看出，随着降雨持续进行，整个边坡土体的孔隙率都逐渐变大，其中边坡饱和区部分（主要是坡顶位置）的孔隙率增加较大，非饱和区部分的孔隙率增加幅度较小。从局部上看，斜坡顶上部土体的孔隙率增加尤为明显，当计算时步为 100000 步时，其孔隙率增加至 0.8，如图 2.32（d）所示，这说明在雨水的作用下坡顶土体颗粒发生移动，导致该区域土体颗粒变得疏松。而坡脚处土体的孔隙率在降雨过程中增加的幅度较小，计算时步大于 60 000 步以后，其孔隙率基本不再增加（最后增加至 0.44），如图 2.32（c）所示，说明在雨水作用下，坡顶处颗粒滑动，致使颗粒在坡脚处堆积，导致坡脚处土体孔隙率变化不大。

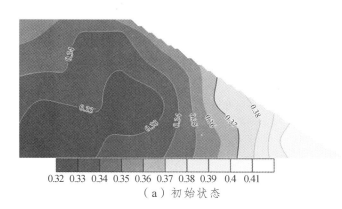

（a）初始状态

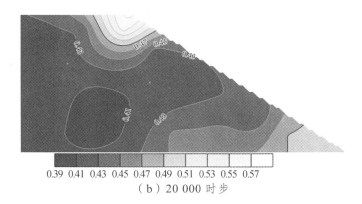

（b）20 000 时步

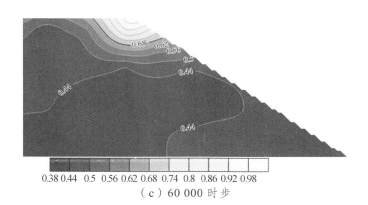

（c）60 000 时步

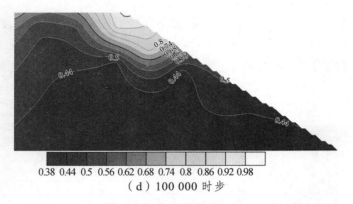

0.38 0.44 0.5 0.56 0.62 0.68 0.74 0.8 0.86 0.92 0.98

（d）100 000 时步

图 2.32　降雨作用下边坡土体孔隙率变化过程

通过上述细观数值计算分析，我们认为：

（1）在室外降雨试验中，煤系土边坡破坏的主要模式是雨水冲刷，在坡面形成深浅不一的冲蚀沟，最大冲蚀沟深达 0.36 m，发生在靠近坡中偏上的位置。本节采用流固耦合方法模拟的煤系土边坡破坏形式与室外降雨试验结果比较一致，边坡滑动面预测结果为近似的直线段，与实际模型边坡雨水冲刷的范围非常接近，这说明采用流固耦合方法对煤系土边坡的稳定性进行分析是可行的。

（2）边坡土体颗粒的细观参数，如力链、配位数以及孔隙率，在降雨过程中都会发生变化，这些细观参数与边坡土体的宏观力学表现直接关联。因此，通过颗粒的细观参数变化分析，可以很好地解释雨水作用下煤系土边坡的破坏演变规律，从微细观角度分析非连续介质煤系土边坡的破坏机理是十分必要的。

2.6　浅层滑移形成机理分析

2.6.1　浅层滑移成因分析

煤系土边坡的浅层滑移受到多因素影响，这些因素可分为外在因素和内在因素。其中：外在因素主要包括由干湿交替引起的风化作用、由于大气变化（降雨）引起的坡面冲刷和非饱和区径流作用、由开挖引起的卸载作用。

浅层滑移亦是干湿循环和降雨共同作用的结果，其中 2015 年 6 月到 2017 年 5 月，赣西地区经历了极端的高温和强降雨过程，被认为是大量煤系土边坡破坏的重要诱因。2015 年 1 月 1 日到 2017 年 12 月 30 日的日最高气温、降雨和累计降雨量如图 2.33 所示。

从图 2.33 中可知：4 月到 6 月为降雨期，其间降雨集中且量大，60%的煤系土边坡破坏出现在降雨期；7 月到 8 月为干燥期，其间最高气温大于 30 ℃且降雨较少，在经历长时间的干燥期后，40%的煤系土边坡破坏会发生在 9—10 月。这说明降雨期持续的强降雨使风化的浅层煤系土处于饱和状态，孔隙水压力和饱和土重量的增加，增加了下滑力，导致一部分煤系土浅层边坡滑移；同时，煤系土边坡的浅层土体在经历了多个降雨期-干燥期的干湿交替后出现崩解现象和形成大量裂缝，在降雨作用下雨水快速下渗并使煤系土抗剪强度下降，出现潜在滑移面，产生另一部分边坡浅层滑移现象。

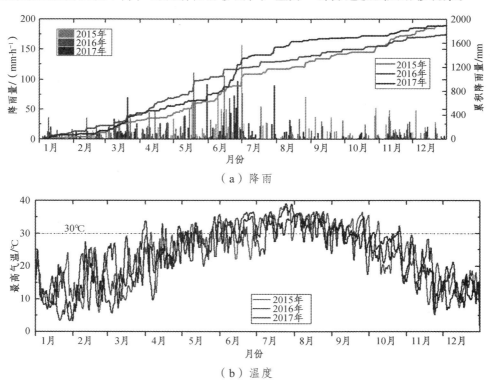

（a）降雨

（b）温度

图 2.33　2015 年 1 月 1 日到 2017 年 12 月 30 日的日最高气温、降雨和累计降雨量

2.6.2　浅层滑移机理分析

室内试验和模型试验证实，K207 边坡破坏是由干湿循环和降雨诱发的，干湿循环产生的裂缝为雨水渗透提供了优势通道，加速了雨水向深层土壤入渗。K207 边坡浅层滑坡机理分析如图 2.34 所示。

由图 2.34 可知，植被层可对表层土壤起到含水率调节和加固浅层土壤的能力。开挖后的边坡破坏了地表的植被层，煤系土壤直接暴露在大气环境中。在干湿交替作用下，煤系土浅层边坡加速崩解，并产生裂缝如图 2.34（a）（b）（c）所示。边坡裂缝的宽度和深度随着干湿交替作用次数的增多而增加，边坡浅层煤系土的强度随着干湿交替作用次数的增多而减小。

强降雨时，由于裂缝的存在，雨水沿着裂缝快速向下渗透并产生暂态饱和区径流，部分下渗的雨水在裂缝尖端集聚。由于裂缝随深度增加而减小和无裂缝下层土渗透系数低于上层有裂缝的区域，大部分雨水快速滞留在裂缝尖端以上区域，导致裂缝区域含水率和孔隙水压力快速增加并使暂态饱和区径流增加。当裂缝区域基质吸力变为零时，暂态饱和区的煤系土强度快速下降，呈现塑流状态，从而产生坡面溜坍灾害。当边坡浅层区域重量因含水率的增加而增大时，雨水的暂态饱和区径流产生的渗透力增大了边坡浅层全风化区域的下滑力。煤系土强度在软弱交界面降低，为上部土层提供了一个潜在的滑移面，从而引发了煤系土边坡的浅层滑移，如图 2.34（d）（e）所示。

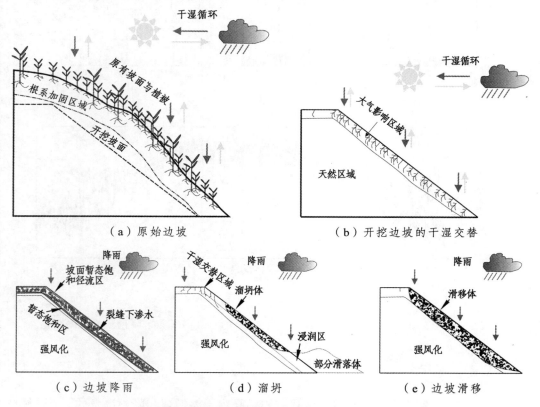

图 2.34　煤系土浅层边坡滑移形成机理分析

2.7　本章小结

本章采用调查分析总结了煤系土浅层边坡失稳形式，采用室内试验手段研究了 K207 边坡煤系土的崩解特性、非饱和特性及强度衰减规律，并采用模型试验和数值分析探讨了该煤系土的浅层滑移机理。主要得到以下结论：

（1）昌栗高速公路沿线煤系土浅层边坡失稳形式主要有风化剥落、崩塌、溜坍和浅层滑移 4 类，其中浅层滑移数量占比最多。

（2）干湿循环和含水率会使煤系土的强度产生明显的衰减，黏聚力随干湿循环次数与含水率的增加而降低，黏聚力的衰减度随着干湿循环次数和含水率的增加而呈指数型增加。

（3）煤系土浅层滑移过程分为坡面形成干燥裂缝、坡面和坡脚侵蚀、坡面后缘裂缝扩展和浅层滑移4个阶段；边坡浅层的含水率和孔隙水压力在滑移时急剧增加，基质吸力降低为零。

（4）煤系土浅层边坡滑移机理：边坡浅层煤系土在干湿交替作用下产生裂缝，裂缝为雨水的渗透提供了优势通道，加速了雨水向土壤入渗和暂态饱和区径流，导致裂缝区域含水率和孔隙水压力快速增加并增加了渗透力，从而引发了煤系土边坡的溜坍或蠕滑-拉断-滑移型模式的浅层滑移。

第3章 煤系土浅层边坡滑移力学特征分析和 GFRP 锚网植被护坡技术的提出

在分析煤系土边坡浅层病害形式和研究浅层滑移机理的基础上，可以确定煤系土浅层滑移的深度范围和滑面形式。但煤系土浅层边坡滑移不同于常规滑坡，特别是煤系土受大气风化作用时，边坡的浅层暂态饱和区径流影响入渗规律和降雨浅层破坏的滑移体力学模型尚未建立。对于煤系土浅层边坡滑移的防治，特别是这种风化深度大和暂态饱和区径流大的煤系土浅层边坡的防治，需要在了解降雨浅层滑移体的力学机制基础上，研究一种合理新型的生态防护措施。

本章将建立考虑暂态饱和区径流的改进 Green-Ampt 入渗模型，并采用力学平衡与变形协调原理对煤系土浅层边坡破坏的滑移体力学特征进行分析，针对性地提出煤系土浅层边坡新型生态防护措施。

3.1 煤系土浅层边坡滑移力学模型

根据第 2 章煤系土边坡的浅层滑移机理分析，煤系土的浅层滑移形式主要为蠕滑-拉断-滑移型。煤系土边坡表层由干湿循环作用产生的风化程度强烈且裂缝较多，降雨会沿着裂缝产生下渗和暂态饱和区径流。

3.1.1 考虑暂态饱和区径流的改进 Green-Ampt 入渗模型

1. 模型建立

根据第 2 章的煤系土浅层边坡滑移机理分析，本章从理论上建立考虑饱和区径流入渗的模型分析雨水的入渗机理。假定如下：

（1）边坡浅层为均匀土质。

（2）入渗土体按含水率划分为暂态饱和区、过渡区和未湿润区 3 部分，暂态饱和区和过渡区深度各占湿润锋的一半。

（3）暂态饱和区径流的水力坡降与斜坡坡降相等。

降雨入渗的雨水在水压力与非饱和土渗透特性等作用下会增加非饱和区孔隙水压

力并形成暂态饱和区和过渡区，暂态饱和区和过渡区补给的雨水会向垂直坡面方向入渗到深层未湿润区，增加湿润锋。强降雨作用下实际入渗率 i 和累计入渗量 I 关系为：

$$i = \frac{\mathrm{d}I}{\mathrm{d}t} = \int_0^{Z_f} \Delta\theta \mathrm{d}z \tag{3.1}$$

式中：$\Delta\theta$ 表示饱和含水率与初始含水率的差值。

根据改进 Green-Ampt 模型，增加湿润锋的累计入渗量 I 等于暂态饱和区和过渡区的土壤含水率差值 $\Delta\theta$ 与湿润锋 Z_f 的乘积：

$$i = \frac{1}{2}\Delta\theta Z_f + \int_{\frac{Z_f}{2}}^{Z_f} \Delta\theta \mathrm{d}z = \frac{1}{2}\Delta\theta Z_f + \frac{\pi}{8}\Delta\theta Z_f = \frac{4+\pi}{8}\Delta\theta Z_f \tag{3.2}$$

考虑暂态饱和区径流，则饱和区的导水系数 $\omega = k_s Z_f$，由水量平衡原理和达西定律可知，饱和区的单位宽度范围内径流量等于降雨入渗时导水系数 ω 引起的降雨补给入渗量。改进 Green-Ampt 斜坡入渗模型如图 3.1 所示。

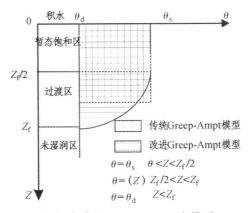

（a）改进 Green-Ampt 入渗模型

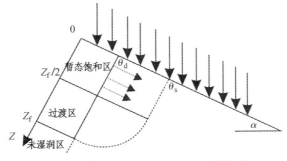

（b）斜坡改进 Green-Ampt 入渗模型

图 3.1　改进 Green-Ampt 斜坡入渗模型示意图

根据图 3.1 可知，当降雨强度 q 小于坡体的入渗能力时，入渗率为：

$$i = q\cos\alpha - q\frac{Z_f}{2L} \tag{3.3}$$

当降雨强度 q 大于坡体的入渗能力时，考虑暂态饱和区径流边坡的入渗率 i 为：

$$i = k_s\frac{\left(\dfrac{Z_f}{2}\right)\cos\alpha + S_f}{\dfrac{Z_f}{2}} - k_s\frac{\dfrac{Z_f}{2}}{L} \tag{3.4}$$

式中：k_s 为饱和渗透系数；

$\quad$ S_f 为基质吸力水头（mm）；

$\quad$ α 为边坡的坡度（°）；

$\quad$ L 为边坡的长度（m）。

根据式（3.2）、式（3.3）和式（3.4）可得：

$$
\begin{cases}
\dfrac{4+\pi}{8}\Delta\theta\dfrac{\mathrm{d}Z_f}{\mathrm{d}t} = q\cos\alpha - q\dfrac{Z_f}{2L} & 0\leqslant t \leqslant t_p \\[3mm]
\dfrac{4+\pi}{8}\Delta\theta\dfrac{\mathrm{d}Z_f}{\mathrm{d}t} = k_s\dfrac{Z_f\cos\alpha + 2S_f}{Z_f} - k_s\dfrac{Z_f}{2L} & t>t_p
\end{cases} \tag{3.5}
$$

式中：t_p 为入渗发生积水的时间（h）。

边界条件为：

$$Z_f(0) = 0 \qquad Z_f(t_p) = Z_p \tag{3.6}$$

边坡浅层不考虑负水头的影响，对式（3.5）进行积分，得到斜坡降雨入渗湿润锋与降雨历时关系：

$$
\begin{cases}
Z_f = 2L\cos\alpha - e^{\ln(2L\cos\alpha) - \frac{4q}{(4+\pi)L\Delta\theta}t} & 0\leqslant t \leqslant t_p \\[3mm]
Z_f = \sqrt{2L\left\{e^{\left[\frac{4k_s\Delta\theta}{(4+\pi)L}(t>t_p)+\ln 2S_f\right]} - 2S_f\right\}} + Z_p & t>t_p
\end{cases} \tag{3.7}
$$

2. 模型验证

为了验证本项目提出的入渗模型，第 2 章的降雨模型试验被采用，相关土层尺寸物理力学参数如 2.4 节，全风化层的体积含水率差为 13.5%，S_f 取 4 mm。对考虑暂态饱和区径流的改进 Green-Ampt 入渗模型的计算结果与传统 Green-Ampt 模型进行比较，得出两者的入渗湿润锋曲线如图 3.2 所示。

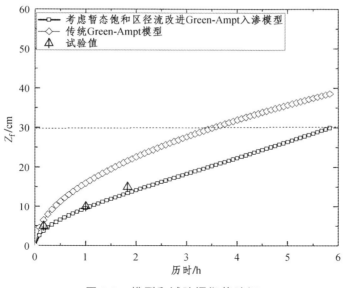

图 3.2   模型和试验湿润锋验证

由图 3.2 可知，考虑暂态饱和区径流改进 Green-Ampt 入渗模型曲线与传统 Green-Ampt 模型差值随着降雨历时的增加而增大。饱和区径流假定入渗模型湿润锋达到深度小于传统 Green-Ampt 模型。根据湿润锋抵达深度 5 cm、10 cm、15 cm 位置的时间可知，饱和区径流假定入渗模型曲线结果与试验结果吻合度较高，模型结果比实测值偏低，且随着深度的增加偏差越大，最大偏差分别约为 0.1 h，说明该暂态饱和区径流 Green-Ampt 入渗模型与实测值的结果很相近，证明用该模型模拟浅层边坡具有一定的合理性。

3.1.2   无限长斜坡浅层滑移力学模型

根据第 2 章的浅层破坏现场调研和试验变形破坏特征，溜坍主要发生于煤系土边坡表层风化煤系土层内，浅层滑移发生于全风化层与强风化层软弱交界面。溜坍和浅层滑移中部主滑面相对平直且大致平行于坡面。降雨入渗无限长边坡浅层稳定分析可以简化为图 3.3（a）所示的"顺坡平面"受力模型，单位宽度土条的力学示意如图 3.3（b）所示。

1. 当滑动面在湿润锋处时

对湿润锋处的土条进行受力分析，如图 3.3（b）所示，得到重力 W、孔隙水压力 u 和底部反力 P_N 分别为：

$$W = \gamma_{sat} h_w \tag{3.8}$$

$$u = \gamma_w h_w \cos^2 \alpha \tag{3.9}$$

$$P_N = (\gamma_{sat} - \gamma_w)h_w\cos\alpha \qquad (3.10)$$

式中：γ_{sat} 为土体饱和重度（kN/m^3）；

γ_w 为水重度（kN/m^3）；

h_w 为垂直方向的入渗深度（m），$h_w = \dfrac{Z_f}{\cos\alpha}$。

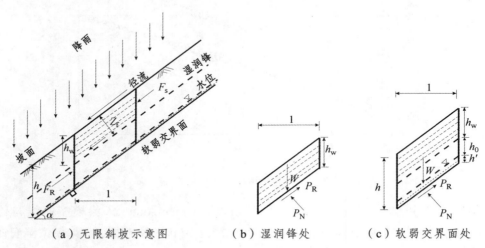

（a）无限斜坡示意图　　　（b）湿润锋处　　　（c）软弱交界面处

图 3.3　无限斜坡的稳定分析

根据非饱和土的理论，抗剪强度为：

$$\tau_f = c + (\sigma_n - u_a)\tan\varphi + (u_a - u_w)\tan\varphi^b \qquad (3.11)$$

式中：c 为土体黏聚力（kPa）；

φ 为土体内摩擦角（°）；

φ^b 为与基质吸力有关的内摩擦角（°）。

当土体完全饱和时，土体基质吸力 $u_a - u_w$ 为零，可得抗滑力 P_R 和下滑力 P_S 为：

$$P_R = \frac{c}{\cos\alpha} + (\gamma_{sat} - \gamma_w)h_w\cos\alpha\tan\varphi \qquad (3.12)$$

$$P_S = \gamma_{sat}h_w\sin\alpha \qquad (3.13)$$

安全系数 F_S 为抗滑力与下滑力之比，由式（3.12）和式（3.13）得安全系数为：

$$F_S = \frac{P_R}{P_S} = \frac{c + (\gamma_{sat} - \gamma_w)h_w\cos^2\alpha\tan\varphi}{\gamma_{sat}h_w\sin\alpha\cos\alpha} \qquad (3.14)$$

当抗滑力 P_R 和下滑力 P_S 相等（$F_S = 1$）时，可得临界深度 h_{wcr} 的计算公式为：

$$h_{wcr} = \frac{c}{\gamma_{sat}\sin\alpha\cos\alpha - (\gamma_{sat} - \gamma_w)\cos^2\alpha\tan\varphi} \qquad (3.15)$$

当 $h_w > h_{wcr}$ 时，土条沿着滑面滑动，此为滑移产生的必要条件。其单位长度的土

条剩余下滑力 P_R' 为：

$$P_R' = \gamma_{sat} h_w \sin\alpha - \frac{c}{\cos\alpha} - (\gamma_{sat} - \gamma_w) h_w \cos\alpha\tan\varphi \qquad (3.16)$$

由以上分析无限长斜坡的湿润锋处的力学特征可知，降雨使湿润锋以上的土层处于饱和状态，其土颗粒在饱和状态下转变为塑流状态。当 $h_w > h_{wcr}$ 时，在剩余下滑力 J 的作用下，土体沿着湿润锋处滑面发生溜坍现象。

2. 当滑动面在软弱界面处时

对软弱界面以上的土条进行受力分析，如图 3.3（c）所示，得到重力 W、孔隙水压力 u、底部反力 P_N、抗滑力 P_R 和下滑力 P_S 分别为：

$$W = \gamma_{sat}(h' + h_w) + \gamma_0 h_0 \qquad (3.17)$$

式中：h_0 为软弱交界面以上无浸湿的土层厚度（m）；

　　　h' 为软弱交界面处积水厚度（m）；

　　　γ_0 为天然重度（kN/m^3）。

$$u = \gamma_w(h_w + h')\cos^2\alpha \qquad (3.18)$$

$$P = (\gamma_{sat} - \gamma_w)(h_w + h')\cos\alpha + \gamma_0 h_0 \cos\alpha \qquad (3.19)$$

$$P_R = \frac{c}{\cos\alpha} + (\gamma_{sat} - \gamma_w)(h_w + h')\cos\alpha\tan\varphi + \gamma_0 h_0 \cos\alpha\tan\varphi \qquad (3.20)$$

$$P_S = \gamma_{sat}(h' + h_w)\sin\alpha + \gamma_0 h_0 \sin\alpha \qquad (3.21)$$

安全系数 F_S 由式（3.20）和式（3.21）得：

$$F_S = \frac{P_R}{P_S} = \frac{c + (\gamma_{sat} - \gamma_w)(h_w + h')\cos^2\alpha\tan\varphi + \gamma_0 h_0 \cos^2\alpha\tan\varphi}{\gamma_{sat}(h' + h_w)\sin\alpha\cos\alpha + \gamma_0 h_0 \sin\alpha\cos\alpha} \qquad (3.22)$$

当抗滑力 P_R 和下滑力 P_S 相等（$F_S = 1$）时，可得临界深度 h_{wcr} 的计算公式为：

$$h_{wcr} = \frac{c - \gamma_{sat} h'\sin\alpha\cos\alpha + (\gamma_{sat} - \gamma_w)h'\cos^2\alpha\tan\varphi + (h - h')\gamma_0 \sin\alpha\cos\alpha(\cos\alpha - 1)}{\gamma_{sat}\sin\alpha\cos\alpha - (\gamma_{sat} - \gamma_w)\cos^2\alpha\tan\varphi - \gamma_0 \sin\alpha\cos\alpha(1 - \cos\alpha)}$$

$$(3.23)$$

当 $h_w > h_{wcr}$ 时，土条沿着滑面的滑动，此为滑坡产生的必要条件。其单位长度土条的剩余下滑力 F_R 为：

$$F_R = \gamma_{sat}(h' + h_w)\sin\alpha + \gamma_0 h_0 \sin\alpha - \frac{c}{\cos\alpha} - (\gamma_{sat} - \gamma_w)(h_w + h')\cos\alpha\tan\varphi + \gamma_0 h_0 \cos\alpha\tan\varphi$$

$$(3.24)$$

从上述无限长斜坡的软弱界面处的力学分析可知，降雨使湿润锋以上和水位线以下的土体处于饱和状态，其土颗粒在饱和状态下处于塑流状态。当 $h_w > h_{wcr}$ 时，在剩余下滑力 J 的作用下，软弱界面以上的土体沿着滑面发生浅层蠕滑或浅层滑移。

上面阐述的为无限长顺坡斜面的力学分析，实际上煤系土浅层滑移破坏特征不是无限长斜坡的破坏，而是下部为挤压段、溜坍滑面大致呈弧形，中部为主滑段、滑面相对平直且大致平行于坡面，上部为张拉段、拉断裂缝大致垂直于坡面或坡顶的破坏。主滑段的滑动受到下部挤压段的阻应力和上部张拉段的拉应力作用。仅以无限长斜坡分析浅层滑移会降低浅层的稳定性。下面对煤系土浅层滑移的实际情况进行分析。

3.1.3　实际斜坡浅层滑移力学模型

实际煤系土浅层边坡滑移可由 3 部分组成，分别是上缘的张拉段、中间的主滑段和下缘的挤压段。上缘的张拉段和下缘的挤压段的滑面简化为弧形，中间的主滑段滑面简化为平行于坡面的直线，如图 3.4 所示。A、B、C 点的有效正应力和剪应力采用横纵坐标表示，滑面上 A、C 点和坡体内 B 点的应力分析如图 3.4（b）所示。

1. 边坡中滑面的应力状态

由图 3.4（b）可知，A 点和 B 点处于主滑段内，C 点处于挤压段内。根据莫尔-库仑准则，A 点在莫尔圆强度包络线上，说明 A 点处于临界状态，对应的深度 h_w 等于临界深度 h_{wcr}；B 点在包络线以下，说明 B 点为安全状态，对应的深度 h_w 小于临界深度 h_{wcr}；虽然 C 点在莫尔圆强度包络线之下，深度 h_w 小于临界深度 h_{wcr}，但 C 点处于临界状态，说明主滑段的莫尔圆强度包络线不适用于张拉段和挤压段，这是因为张拉段和挤压段的下滑力分别受到主滑段的张拉应力和挤压应力作用，即主动土压力 P_a 和被动土压力 P_p 作用。

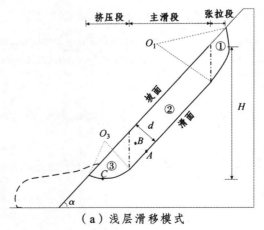

（a）浅层滑移模式

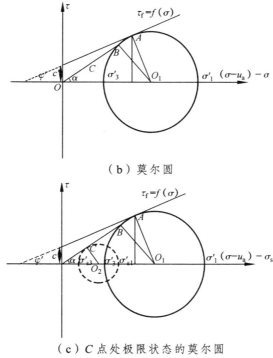

（b）莫尔圆

（c）C 点处极限状态的莫尔圆

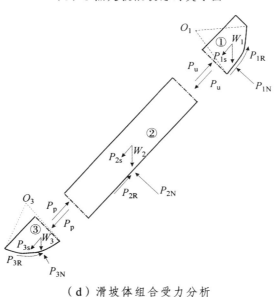

（d）滑坡体组合受力分析

图 3.4　边坡浅层破坏模式分析

2. 边坡失稳力学模型

假设上部张拉段圆弧的角度为 δ_1、半径为 R_1、长度为 L_1，下部挤压段的圆弧角度为 δ_3、半径为 R_3、长度为 L_3，则张拉区的面积 A_1 和挤压区的面积 A_3 计算式为

$$A_1 = \frac{\pi \delta_1 R_1^2}{360°} + 0.5(h_w L_1 - R_1^2 \sin 2\delta_1) \tag{3.25}$$

$$A_3 = \frac{\pi \delta_3 R_3^2}{360°} + 0.5(h_w L_3 - R_3^2 \sin 2\delta_3) \tag{3.26}$$

如果考虑上缘张拉裂缝的影响且主要裂缝垂直于坡面，则其主要裂缝深度 $z_0 = \dfrac{2c'}{\gamma_{sat}\sqrt{K_a}}$，则张拉区的面积 A_1 计算式改为：

$$A_1 = \frac{\pi \delta_1 R_1^2}{360°} + 0.5(h_w L_1 - z_0 L_1 - R_1^2 \sin 2\delta_1) \tag{3.27}$$

由图 3.4（c）和图 3.4（d）可知，上部张拉段的主动土压系数 K_a、主动土压力 σ_{ta} 和主动土压力 P_a 计算公式分别为：

$$K_a = \tan^2(45° - 0.5\varphi) \tag{3.28}$$

$$\sigma_{ta} = \gamma_{sat} h_w K_a - 2c\sqrt{K_a} \tag{3.29}$$

$$P_a = \sigma_{ta} A_1 = \left(\gamma_{sat} h_w K_a - 2c\sqrt{K_a}\right)\left[\frac{\pi \delta_1 R_1^2}{360°} + 0.5(h_w L_1 - R_1^2 \sin 2\delta_1)\right] \tag{3.30}$$

对上部土层进行受力分析，如图 3.4（d）所示得到重力 W、孔隙水压力 u 和底部反力 P_N。

同理，下部挤压段的被动土压系数 K_p、被动土压应力 σ_{tp} 和被动土压力 P_p 计算公式分别为：

$$K_p = \tan^2(45° + 0.5\varphi) \tag{3.31}$$

$$\sigma_{tp} = \gamma_{sat} h_w K_p + 2c\sqrt{K_p} \tag{3.32}$$

$$P_p = A_3 \sigma_{tp} = \left(\gamma_{sat} h_w K_p + 2c\sqrt{K_p}\right)\left[\frac{\pi \delta_3 R_3^2}{360°} + 0.5\left(h_w L_3 - R_3^2 \sin 2\delta_3\right)\right] \tag{3.33}$$

考虑中间主滑段长度 L_2 受到上部张拉段的推动作用和下部的挤压段的抵抗作用，其湿润锋处安全系数 F_{S1} 和软弱结构面安全系数 F_{S2} 可由式（3.14）和式（3.22）得：

$$F_{S1} = \frac{P_R}{P_S} = \frac{cL_2 + (\gamma_{sat} - \gamma_w)h_w L_2 \cos^2\alpha \tan\varphi + P_p \cos\alpha}{\gamma_{sat} h_w L_2 \sin\alpha\cos\alpha + P_a \cos\alpha} \tag{3.34}$$

$$F_{S2} = \frac{P_R}{P_S} = \frac{cL_2 + (\gamma_{sat} - \gamma_w)(h_w + h')L_2 \cos^2\alpha \tan\varphi + \gamma_0 h_0 \cos^2\alpha \tan\varphi + P_p \cos\alpha}{\gamma_{sat}(h' + h_w)L_2 \sin\alpha\cos\alpha + \gamma_0 h_0 L_2 \sin\alpha\cos\alpha + P_a \cos\alpha}$$

$$\tag{3.35}$$

当主滑段长度 $L_2 \gg (L_1, L_3)$ 时，张拉段和挤压段土压力作用可以忽略不计，即和无限长斜坡的稳定分析相同。当抗滑力 P_R 和下滑力 P_S 相等（$F_S = 1$）时，可得临界深度 h_{wcr}。

当 $F_S < 1$ 时，湿润锋处剩余下滑力 F_{R1} 和软弱结构面处剩余下滑力 F_{R2} 为：

$$F_{R1} = 0.5\gamma_{sat} h_w L_2 \sin 2\alpha + (P_a - P_p)\cos\alpha - cL_2 - (\gamma_{sat} - \gamma_w)h_w L_2 \cos^2\alpha \tan\varphi \quad (3.36)$$

$$F_{R2} = \gamma_{sat}(h' + h_w)L_2 \sin\alpha + \gamma_0 h_0 L_2 \sin\alpha - \frac{cL_2}{\cos\alpha} -$$

$$(\gamma_{sat} - \gamma_w)(h_w + h')L_2 \cos\alpha \tan\varphi + \gamma_0 h_0 L_2 \cos\alpha \tan\varphi + (P_a - P_p)\cos\alpha \quad (3.37)$$

通过分析实际斜坡滑移特征可知，煤系土浅层边坡溜坍灾害主要发生在湿润锋处，浅层滑移主要发生在全风化层与强风化层软弱交界面处。煤系土浅层滑移的下滑力主要受到边坡角度 α、入渗深度 h_w、土壤黏聚力 c 影响。治理浅层滑移的关键在于减小下滑力和提高抗滑力，所以减小边坡的坡度、提高表层土壤的黏聚力、减少土壤入渗时间均可减少或防治煤系土边坡的浅层滑移。

3.2 边坡浅层滑移防治问题、比选和原则

防治滑坡的方法是在研究了滑移机理、滑移体规模、破坏深度和滑移力学机制的基础上采取的正确对策。本研究的煤系土浅层滑移的深度在浅层 4 m 范围内，滑移力学机制为蠕滑-拉断-滑移型，防治浅层滑移的有效控制在于增加抗滑力和增加浅层土体的抗剪强度。本节将在总结煤系土浅层边坡滑移防治存在问题的基础上，分析滑坡的常规治理措施和提出边坡浅层滑移防治原则。

3.2.1 煤系土浅层边坡滑移防治存在的问题

通过第 2 章的室内试验、模型试验和数值分析手段对某煤系土浅层边坡滑移机理的研究，结合本章力学特征分析可知，煤系土浅层边坡滑移治理存在以下问题：

（1）煤系土边坡的浅层破坏与其他边坡工程的浅层破坏有区别，浅层病害治理的关键在于查清其发生灾害的原因。煤系土的浅层病害主要是由于植被层的破坏，煤系土浅层边坡在干湿循环和降雨诱导下出现强度降低和饱水重量增加，从而导致滑移破坏。所以煤系土浅层滑移治理在于早期阻止边坡滑移的同时重构边坡浅层植被，以达到长期防护煤系土浅层边坡的目标。

（2）在公路建设中，基础工程建设和生态环境保护的矛盾比较突出。公路沿线形成的大量人工边坡破坏了自然界原有的生态平衡，传统的治理方法不能满足工程需

要，在强降雨作用下很难保证工程材料和岩土体的相容性，常常会出现脱空现象，不仅造成滑坡或泥石流等灾害，而且存在局部小气候恶化或生物链破坏问题。因此，在边坡治理工程中，防治措施需要既能治理边坡灾害，又能美化环境和尽可能地维持生态平衡。对于煤系土边坡，应在借鉴其他工程成功经验和结合煤系土本身特性的基础上，研制出安全、环保和高效的边坡浅层防护技术。

（3）在煤系土边坡治理中，采用传统的抗滑钢管桩、挡土墙、坡面框架梁结构等强支护结构，忽略了支护方法和边坡岩土体共同工作性能，造成了工程造价的浪费和环境污染。因此，寻求新的材料及支护方法需要充分调动岩土体的自身强度和自身稳定能力，支护设计方案应考虑岩土体与支护结构协同工作性能。

（4）现有煤系土边坡治理存在治理后的边坡支护失效和浅层滑移频发现象，生态防护技术应进行合理设计。

3.2.2　边坡浅层滑移措施比选

目前，应用较为广泛的边坡浅层治理措施有抗滑桩、削坡减载、挡土墙、锚杆、化学固土方法、生态护坡技术等。

工程中应用的抗滑桩种类非常多，应用较多的种类为一般抗滑桩、预应力抗滑桩、微型抗滑桩、新型抗滑结构。抗滑桩结构的关键在于能增加滑坡体的抗滑力，有效控制边坡的滑动，是治理大型、中深型滑坡的有效方法。一般抗滑桩和预应力抗滑桩在治理边坡浅层时存在对边坡浅层土体结构的扰动较大，造价较高，对局部滑坡治理效果不明显的问题。微型抗滑桩和新型抗滑结构能有效减少造价和减少位移，但是技术要求高。

削坡减载是治理边坡最基本、最简单的方法，通过刷方和平整达到降低坡体荷载、减少降雨入渗量的目的，从而提高边坡的稳定性。

挡土墙为滑坡的下缘挤压段提供反压，是防止坡体失稳的边坡治理方法，已被大量采用，但对于边坡浅表层的滑坡治理效果不明显。

岩土锚杆技术是一种经济有效的边坡防治措施。根据锚固段的受力特点，新型锚杆可以分为拉力型锚杆、压力型锚杆和拉压分散型锚杆三大类。拉力型锚杆为工程使用最为广泛的锚杆形式，对边坡浅层的加固效果较好，但无法满足工程耐久性要求；压力型锚杆可把锚固段的受力状态从受拉变为受压，提高了锚杆的承载力，但锚固段存在应力集中现象；拉压分散型锚杆能较好地利用整个锚固段的承载能力。

化学固土方法是随着固化剂的发展而兴起的一种边坡防护技术，它采用有机物类、离子类和无机物类等高分子材料改良土壤，能有效防护浅层水土流失，但存在环境污染。其施工技术日趋成熟且工艺简单。

生态护坡技术因其良好的生态性被日益广泛采用，其方法是采用植被对边坡浅表层进行防护，能有效减少浅层水土流失，但植被存在发育不良、早期边坡稳定性差和早期生态脆弱等问题。

3.2.3 边坡浅层滑移治理原则

根据前述的研究可知，治理煤系土浅层滑移原则是保证边坡浅层可靠性和生态环保性：

1. 边坡浅层可靠性

可靠性是指浅层的安全性和防护耐久性。

煤系土边坡的浅层滑移是在下滑力作用下产生的失稳破坏，保证煤系土浅层稳定的关键在于提高抗滑力。相比于其他的抗滑措施，高强锚网在保证浅层稳定方面具有早期强度高、施工机具小、土壤扰动小、桩布置灵活等特点。表层的耐久性是防治煤系土发生二次滑移的关键，在现有的干湿循环条件下边坡煤系土强度会降低，裂缝会出现，加速边坡破坏。植物根系的存在不仅可对浅层煤系土起到加筋效果，而且植物深根可以深入浅层的基岩中为潜在的滑坡体提供抗滑力，同时根系可以有效降低降雨对浅层的冲蚀扩展和干湿膨胀性，达到边坡浅层防护的耐久效果。

2. 生态环保性

生态环保性指工程边坡防护材料应尽可能恢复其生态平衡和保护环境，达到长期护坡和美化环境的目的。

煤系土生态防护的实现需结合工程新材料和植被防护创造优美的生态环境。煤系土生态防护的设计，需要新材料的工程防护在早期发挥约束作用和提高抗滑力，以及煤系土植生的植物根系在中后期提供加筋作用和锚固作用。新材料和植物根系两者作用此消彼长，最终新材料结构退化，通过植物根系的锚固增长来达到防护浅层边坡的长期效果。

新材料锚网植被护坡技术需考虑工程防护的早期安全性和后期退化的环保性，以达到最终植被防护效果。需要达到这种不同时效的锚网植被护坡效果，就要提高植生能力且锚网需要早期强度高、环保性好和可退化。玻璃纤维锚杆（GFRP）由玻璃纤维增强材料研制而成，具有强度高和无污染特点，是较为理想的工程支护材料。下面两节将分别研究工程防护中被逐渐推广的高强 GFRP 锚杆力学性能和煤系土植被技术，为新型生态防护技术提供基础。

3.3 GFRP 锚杆的力学性能分析

GFRP 锚杆的极限锚固力是影响生态边坡早期稳定的重要参数，其承载力由两个方面组成：GFRP 锚杆的抗拉强度和 GFRP 锚杆的抗剪强度。在实际生态边坡工程中，GFRP 锚杆处于酸碱性等恶劣复杂的环境中，它在自然环境中的力学性能随时间的变化规律对边坡的稳定性起到了重要作用。因此，研究不同时间 GFRP 锚杆在酸碱腐蚀环境下的力学性能变化对 GFRP 锚网结构的设计具有重要的指导意义。本节主要讨论在酸碱腐蚀环境下 GFRP 锚杆力学指标随腐蚀时间的变化规律。

3.3.1 试验方案

本试验设计采用由 98%的浓硫酸稀释成浓度为 0.1 mol/L 的强酸环境和浓度为 0.1 mol/L 的 NaOH 强碱环境，设置为干湿循环交替方式，每半个月交替一次，酸碱环境下的 GFRP 锚杆腐蚀时间设置为 0 个月、2 个月、4 个月、6 个月、8 个月。GFRP 锚杆杆体试件为直径 8 mm、长 0.3 m 的 GFRP 筋（抗拉试验）和长 0.2 m 的 GFRP 筋（抗剪试验），如图 3.5 所示。

（a）GFRP 筋　　　　（b）硫酸和氢氧化钠溶液　　　　（c）酸碱溶液浸泡

图 3.5　GFRP 锚杆的酸碱环境设置

根据《纤维增强塑料性能试验方法总则》（GB/T 1446—2005）开展腐蚀时间后 GFRP 锚杆的拉伸和剪切试验，环境条件为温度（23±2）℃，相对湿度（50±10）%，拉伸试验加载速度设置为 5 mm/min，剪切试验加载速度设置为 1.5 mm/min。试验前，将 GFRP 锚杆洗净、烘干和称重。试验时，为了防止试样压坏，GFRP 筋的两端采用钢套管进行加固。拉伸试验和剪切试验采用的仪器为多功能材料力学试验机，如图 3.6 所示。

（a）多功能材料力学试验机

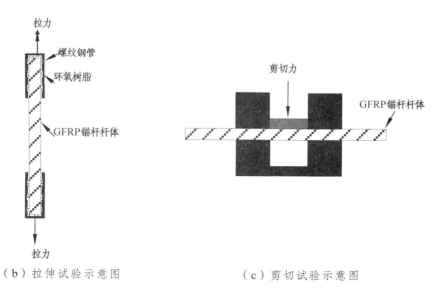

（b）拉伸试验示意图　　　　　　　　（c）剪切试验示意图

图 3.6　GFRP 锚杆杆体的拉伸试验和剪切试验

3.3.2　结果分析

不同酸碱时间的 GFRP 锚杆抗拉力和抗拉强度如图 3.7 所示。

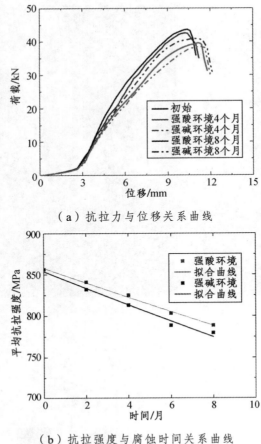

（a）抗拉力与位移关系曲线

（b）抗拉强度与腐蚀时间关系曲线

图 3.7　不同酸碱龄期的 GFRP 锚杆抗拉力和抗拉强度

由图 3.7（a）可知，应力-应变曲线经历了 3 个变形阶段：

（1）弹性变形阶段：拉力荷载较小时，应力-应变曲线近似为一条斜直线。

（2）塑性变形阶段：拉力荷载逐渐增大时，变形逐渐增大。

（3）破坏变形阶段：拉力荷载超过试件的极限荷载时，试件破坏表现出脆性，应变变化很小。

　　GFRP 锚杆极限抗拉力随着腐蚀时间的增加而减小，强碱环境对 GFRP 锚杆极限抗拉力的影响大于强酸环境。由图 3.7（b）可知，随着腐蚀时间的增加，GFRP 锚杆的平均抗拉强度降低，降低幅值逐渐减小。龄期为 8 个月时，GFRP 锚杆在强酸环境下的平均抗拉强度由 856.23 MPa 降低到 789.19 MPa，下降幅度为 7.83%；GFRP 锚杆在强碱环境下的平均抗拉强度由 856.23 MPa 降低到 779.90 MPa，下降幅度为 8.99%。这说明 GFRP 锚杆的抗拉强度在强酸碱环境下会出现衰减，GFRP 锚杆极限抗拉力在强碱环境下的衰减幅度大于强酸环境，说明 GFRP 锚杆的纤维在酸碱条件下可使纤维受损，GFRP 锚网劣化。

不同酸碱时间的 GFRP 锚杆在剪切试验中的剪切力和抗剪强度如图 3.8 所示。

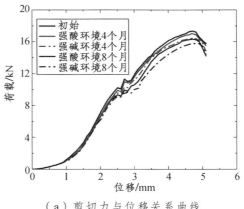

（a）剪切力与位移关系曲线

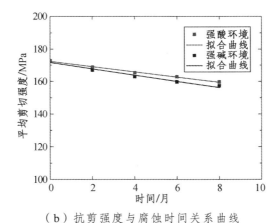

（b）抗剪强度与腐蚀时间关系曲线

图 3.8　不同酸碱龄期的 GFRP 锚杆剪切力和抗剪强度

由图 3.8（a）可知，应力-应变曲线经历了 3 个变形阶段：

（1）弹性变形阶段：剪切荷载较小时，应力-应变曲线近似为一条斜直线。

（2）塑性变形阶段：剪切荷载接近峰值时，由于试件弯曲会导致波浪变形现象。

（3）破坏变形阶段，此阶段为剪切荷载超过试件的极限荷载时，试件破坏表现出脆性，应变变化很小。

由图 3.8（b）可知：腐蚀时间为 8 个月时，GFRP 锚杆在强碱环境下的平均剪切强度由 172.87 MPa 降低到 159.29 MPa，下降幅度为 9.02%；GFRP 锚杆在强酸环境下的平均抗拉强度由 172.87 MP 降低到 161.72 MPa，下降幅度为 6.27%。这说明 GFRP 锚杆的抗剪强度在强酸碱环境下随着时间的增加而减小，强碱环境对 GFRP 锚杆极限抗拉力的衰减大于强酸环境。

以上通过拉伸试验和剪切试验得出 GFRP 锚杆的力学性能（抗拉强度和抗剪强度）在 8 个月酸碱环境下的退化规律。根据宣广宇[171]的研究，GFRP 锚杆在自然老化下的强度衰减仅为强酸、碱环境的 1/12。为了能预测酸碱环境下 GFRP 锚杆的力学性能与时间的关系，拟合建立不同腐蚀时间 t 的抗拉强度 σ_m 和抗剪强度 τ_m 的回归方程如式（3.38）和式（3.39）所示：

$$\sigma_m = \begin{cases} 856.23\mathrm{e}^{\left(-\frac{t}{97.86}\right)} & R^2 = 0.987 \quad \text{强酸环境} \\ 856.23\mathrm{e}^{\left(-\frac{t}{84.96}\right)} & R^2 = 0.979 \quad \text{强碱环境} \end{cases} \tag{3.38}$$

$$\tau_m = \begin{cases} 172.87\mathrm{e}^{\left(-\frac{t}{97.27}\right)} & R^2 = 0.994 \quad \text{强酸环境} \\ 172.87\mathrm{e}^{\left(-\frac{t}{161.69}\right)} & R^2 = 0.965 \quad \text{强碱环境} \end{cases} \tag{3.39}$$

式中：t 为时间（月）；

σ_m、τ_m 分别为抗拉强度、抗剪强度（MPa）。

3.4 煤系土植被技术的研究

植被长期防护煤系土浅层边坡的关键在于对植被物种的选择和煤系土植生能力的研究。本节将分析赣西地区植被物种和研究煤系土生态基材。

3.4.1 植被物种的选择

选择合理有效的植物种类对边坡长期防护效果起决定作用。植物种类的选择应该以当地乡土植物物种为主，因此类物种对当地立地条件、水文和气候条件具有较强的适应性。根据赣西地区气候特征和地形地貌，当地植被地带可分为山区地带、平原地带和丘陵地带，其生态防护的典型植物见表 3.1。

表 3.1 赣西地区边坡防护的典型植被

植被类型		种类	特点
木本植物	乔木	刺槐	该植物生长较快，树木主干和主根较明显，树冠较多，根系深度可达 2~4 m
		枫杨	该植物具有极强的适应能力，生态价值高，广泛应用于保护河岸边坡，根系发达且深度达 3~5 m
		柏木	该植物的抗风能力强，适应立地环境强，生态价值高，根系发达且深度达 3~5 m
		栓皮栎	该植物生长速度处于中等水平偏慢，主根明显且深度达 3~5 m

植被类型	种类		特点
木本植物	乔木	樟	该植物生长速度处于中等，抗风力强，适应性强，根系发达且深度可达 3～5 m
		乌桕	该植物的生长速度较快，抗逆性强，观赏价值高
		栾	该植物生长速度较快，适应性强，根系发达，具有深根性，深度可达 3～4 m
		白栎	该植物生长速度快，抗逆性强，主根发达，具有深根性，深度可达 3～5 m
	灌木	多花木兰	该植物生长快，分岔较多且分岔点比较低，具有极强的抗逆性，主根发达且生长深度可达 3～5 m，广泛用于赣西地区边坡的生态防护
		紫穗槐	该植物生长较快，分岔较多且分岔点比较低，抗逆性强，根系发达，根深度为 1～4 m
		火棘	该植物生长较快，抗旱性和抗土壤酸性强，根系发达，根深度可达 3 m
		荆条	该植物生长较快，有较强的适应性，根系发达，根深度在 1～3 m，为优良的乡土护坡植物
		胡枝子	该植物生长快，枝叶茂盛、根系发达，是水土保持的优良物种
		盐麸木	该植物生长快，抗逆性强，根系发达，根深度在 2～4 m
草本植物		香根草	该植物生长快，抗逆性强，根径小且以须根为主，根系生长较快且根系多，广泛用于生态防护
		狗牙根	该植物生长快，根系发达，根深度较浅，抗逆性强，常用于边坡的生态防护
		黑麦草	该植物生长速度快，根深度较浅，对土壤要求严格，耐旱性和耐高温性较差
		高羊茅	该植物生长速度快，根系发达，抗逆性突出，广泛用于公共用地草皮
		白车轴草	该植物生长速度慢，根系发达，根深度较浅，适应性强，观赏价值高

表 3.1 中的乔木、灌木和草本植物广泛应用于各类边坡的防护中。根据常见的种类搭配，植被防护边坡按照植物的种类分为草本植物单一型边坡、草灌植物混合型边坡、乔灌草植物混合型边坡和乔灌植物混合型边坡。草本植物单一型边坡是指以单一的草本种类植物修复的边坡，虽然草本植物具有生长快、易成活等优点，但加固边坡深度有限，生态性相对较差。草灌植物混合型边坡是结合草本和灌木两种植物进行混播防护的边坡，其避免了单一植物物种的缺陷，各类功能相互搭配，护坡层次感较好，草本覆盖率高，减少了水土流失，灌木根系发达且锚固效果好，可以提高边坡浅层土体稳定性。乔灌草植物混合型边坡是以乔木和灌木互相搭配防护的

边坡，其中以乔木为主，可锚固较大深度，但注意乔木植物高度的选择。乔灌植物混合型边坡是采用草本植物和灌木防护坡面，多级平台采用乔木形式的边坡，防护层次感强且效果较好。

通过以上分析可知，较贫瘠的煤系土浅层边坡防护应选用生长速度快、抗逆性突出、抗风能力强、层次效果好、锚固深度大的草灌植物混合型边坡。草本植物可选须根发达和水土保持效果佳的香根草植物，灌木植物可选根系发达和主根较深的多花木兰植物。

3.4.2 生态基材试验方案设计

现有的边坡生态修复完全采用客土（一般为黏性土），植被恢复技术存在生态修复造价高、土壤资源紧张、极易对防护地区土造成次生伤害的缺点。单独使用煤系土作为基材不利于植被生长且存在防护效果差等问题，需要添加外材料改善煤系土的物理、化学和力学特性。本节将针对煤系土的特性添加外来材料，研制煤系土生态基材的最优配方。

1. 试验材料

黏土为边坡生态修复的常见客土；玉米秸秆为农业废料，价格便宜且易于获得。玉米秸秆的大量有机物可以增加基材有机碳含量和磷元素。我国政府和环境科学家大力提倡将作物秸秆还田和制作成肥料，这是减少大气污染和提高土壤养分含量的有效手段。粉煤灰水泥是由工业废料粉煤灰和水泥熟料共同组成的粉状水硬性无机胶凝材料，通过物理作用和化学作用来改变土壤的酸性且可减少边坡表层土壤的侵蚀。客土取自黄冈师范学院明珠湖附近的黏土，玉米秸秆采用磨好的玉米秸秆粉，粉煤灰水泥采用 P·F32.5 水泥，保水剂采用粉末状的高分子吸水性树脂。

为了研制煤系土生态稳固基材，本节将黏土（客土）、P·F32.5 粉煤灰水泥、玉米秸秆和保水剂作为添加材料，如图 3.9 所示。试验材料的理化性质见表 3.2。

（a）煤系土　　　　　　（b）黏土（客土）　　　　　（c）粉煤灰水泥

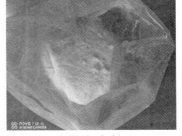

（d）玉米秸秆　　　　　　　　　　（e）保水剂

图 3.9　试验基材组成材料

表 3.2　基材配方的不同参数的特性

参数	煤系土	客土	粉煤灰水泥	玉米秸秆
密度/（g·cm^{-3}）	1.71	1.51	3.12	0.12
pH	7.77	8.14	9.11	6.98
孔隙率/%	31.00	40.00	48.50	74.21
有机碳含量/（g·kg^{-1}）	84.52	32.65	16.40	211.61
N 含量/（g·kg^{-1}）	2.74	1.365	0.11	4.94
K 含量/（g·kg^{-1}）	10.47	212.50	14.42	47.00
P 含量/（mg·kg^{-1}）	105.21	32.44	8.92	341.50
Na 含量/（g·kg^{-1}）	13.50	14.25	7.51	—
Pb 含量/（mg·kg^{-1}）	30.50	25.40	—	—
Cd 含量/（mg·kg^{-1}）	0.24	0.12	—	—
Cu 含量/（mg·kg^{-1}）	28.60	17.54	—	—
Zn 含量/（mg·kg^{-1}）	78.50	39.45	—	—
Hg 含量/（mg·kg^{-1}）	0.14	0.08	—	—
Ni 含量/（mg·kg^{-1}）	21.64	15.34	—	—
Ca 含量/（g·kg^{-1}）	23.80	31.54	28.45	—
Mg 含量/（g·kg^{-1}）	8.46	8.20	4.50	—

由表 3.2 可知，所有原料的金属元素（Pb、Cd、Cu、Zn、Hg、Ni）含量均小于《土壤环境质量农用地土壤污染风险管控标准（试行）》[172]规定的土壤污染风险筛选值。煤系土含有大量的有机碳和氮元素，可以为植被的生长提供所需的部分微量元素，可应用于基材中。但是煤系土缺少植物生长钾且硫含量过高，容易导致土壤酸化，需要添加外来材料改善理化性质。

本试验选择赣西地区典型护坡植物香根草为代表进行种植。香根草是一种多年生草本植物，具有发达的根系和茂密的叶片，适合在路堑斜坡和河岸上进行生态防护以防止水土流失。本试验的香根草种子为 10 g，在试验前先进行发芽率试验，香根草的发芽率为 97.4%。

2. 正交试验设计

为了探索煤系土生态稳固基材的最佳比例，项目组采用了正交试验法。正交试验采用以下 4 个因子：煤系土-客土比（煤-客比）、水泥含量、玉米秸秆含量和保水剂用量。煤系土与客土中都含有植物生长所需的化学成分，为了研究两者的最佳含量比，客土设定 4 个变量：A1（1000∶0）、A2（750∶250）、A3（500∶500）、A4（250∶750）。研究表明，当粉煤灰水泥在基材中的含量超过 10% 时，其硬化将会抑制植物的生长。本试验的粉煤灰水泥含量控制在 10% 以内，设定 4 个变量：B1（0 g·kg^{-1}）、B2（30 g·kg^{-1}）、B3（60 g·kg^{-1}）、B4（90 g·kg^{-1}）。玉米秸秆的掺入对改良土壤质量起着重要作用，但过多的玉米秸秆会导致土壤空隙的增加，所以本项目玉米秸秆设定 4 个变量：C1（0）、C2（20 g·kg^{-1}）、C3（40 g·kg^{-1}）、C4（60 g·kg^{-1}）。变量和水平值见表 3.3。

表 3.3　变量和水平值

水平值	变量			
	煤-客比	粉煤灰水泥含量 /（g·kg^{-1}）	玉米秸秆含量 /（g·kg^{-1}）	保水剂含量 /（g·kg^{-1}）
1	A1（1000∶0）	B1（0）	C1（0）	D1（0）
2	A2（750∶250）	B2（30）	C2（20）	D2（1）
3	A3（500∶500）	B3（60）	C3（40）	D3（2）
4	A4（250∶750）	B4（90）	C4（60）	D4（3）

煤系土生态基材 4 因素 4 水平的正交试验方案见表 3.4。正交实验由 16 组不同的试验组构成，采用极值和方差的方法对生态基材指标中 4 个因素的影响程度和显著性水平进行排序。

表 3.4　煤系土生态基材 4 因素 4 水平的正交试验方案

试验组	煤-客比	粉煤灰水泥含量 /（g·kg^{-1}）	玉米秸秆含量 /（g·kg^{-1}）	保水剂用量 /（g·kg^{-1}）
1#	A1（1000∶0）	B1（0）	C1（0）	D1（0）
2#	A1（1000∶0）	B2（30）	C2（20）	D2（1）
3#	A1（1000∶0）	B3（60）	C3（40）	D3（2）

试验组	煤-客比	粉煤灰水泥含量 /($g \cdot kg^{-1}$)	玉米秸秆含量 /($g \cdot kg^{-1}$)	保水剂用量 /($g \cdot kg^{-1}$)
4#	A1（1000∶0）	B4（90）	C4（60）	D4（3）
5#	A2（750∶250）	B1（0）	C3（40）	D2（1）
6#	A2（750∶250）	B2（30）	C4（60）	D1（0）
7#	A2（750∶250）	B3（60）	C1（0）	D4（3）
8#	A2（750∶250）	B4（90）	C2（20）	D3（2）
9#	A3（500∶500）	B1（0）	C4（60）	D3（2）
10#	A3（500∶500）	B2（30）	C3（40）	D4（3）
11#	A3（500∶500）	B3（60）	C2（20）	D1（0）
12#	A3（500∶500）	B4（90）	C1（0）	D2（1）
13#	A4（250∶750）	B1（0）	C2（20）	D4（3）
14#	A4（250∶750）	B2（30）	C1（0）	D3（2）
15#	A4（250∶750）	B3（60）	C4（60）	D2（1）
16#	A4（250∶750）	B4（90）	C3（40）	D1（0）

3. 试验步骤和植物监测

本研究中所有种植香根草的花盆底部均有排水孔，使用前均用去离子水冲洗，生态基材试验如图 3.10 所示。

本试验步骤如下：

（1）将煤系土和客土提前干燥，过 5 mm 孔径筛去除砂砾等大颗粒。

（2）种植盆底部覆盖 30 mm 深的壤土作为垫层土，顶部留出 30 mm 深的空间作为生态基质和香根草种植空间。

（3）用电子秤计算所需的生态基材并称重，将各花盆的生态基质组分混合均匀，并添加相同的水量且使其填满相应的花盆。

④ 香根草种子在离地 10 mm 处播种，每个花盆里有 200 颗种子并贴标签。

以上步骤适用于每个种植盆，为保证植株正常生长，所有种植盆的灌水量均设置为 220 g，植物生长期间不施肥料。

在监测期内，香根草的生长变化以生长高度（mm）和发芽率（%）表示。在发芽后 3 个月测量生长高度。测量方法是从每个实验组中选择 5 株香根草幼苗，并用卷尺测量植物的生长高度。发芽率以 14 d 后发芽的种子数除以播种的种子数得到。覆盖率和 10 mm 埋深的根土面积比（RAR）测量方法是先用单反相机拍摄照片，再用 IPP 6.0 图像分析软件分析图片。为了定量分析植被覆盖率的空间变化，将绿色重新着色为黑色，将其余颜色重新着色为白色。

（a）基材拌和　　　　　　　（b）播种　　　　　　　　　（c）基材

（d）植物生长 1 个月　　　　　　　　（e）植物生长 3 个月

图 3.10　生态基材试验图片

4. 基材物理和营养成分分析

基材的取样在植物生长 3 个月后进行。基材样本经去植物根系、烘干、压碎和过 1.00 mm 土筛流程后进行物理和营养成分特性测量。土壤各物理指标测定方法为：用环刀法测定体积密度和孔隙率，用烘干法测定含水率，用酸碱计法测定 pH 值，用双环渗透法测定渗透系数。营养成分指标测定方法为：用流动分析仪测定 K 元素、P 元素、N 元素[173]，用重铬酸钾容量法测定有机碳。$R_{C:N}$，$R_{C:P}$ 和 $R_{N:P}$ 分别代表有机碳与 N 元素含量之比，有机碳与 P 元素含量之比以及 N 元素与 P 元素含量之比。采用原子吸收分光光度计检测基材的金属元素（Pb、Cd、Cu、Zn、Hg、Ni）含量。所有试验指标测定 3 次取其均值，如图 3.11 所示。

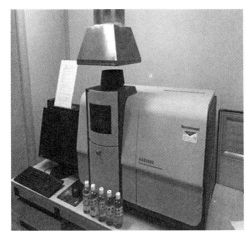

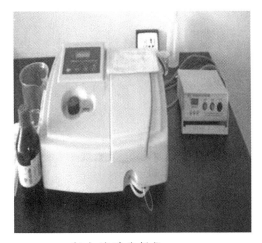

（a）原子吸收分光光度计　　　　　　　　（b）流动分析仪

图 3.11　基质养分监测设备

5. 力学特性分析

含根基材复合体的抗剪强度采用直剪试验得到，如图 3.12 所示。试验方法主要参照国家土工试验标准方法[174]，试验仪器为四联直剪仪，剪切速率为 1.0 mm/min^{-1}。

（a）根-土部分　　　　　　（b）试样　　　　　　（b）直剪仪

图 3.12　直剪实验示意图

6. 数据分析方法

使用方差分析法来研究 4 个因素（煤-客土比、粉煤灰水泥含量、玉米秸秆含量和保水剂用量）对 19 个生态基材指标的显著影响。所有统计检验均使用 IBM SPSS Statistics 23 软件进行，用 Duncan's 法（邓肯法，即新复极差法）来检验差异，试验重复 3 次满足方差分析要求，当 $P<0.05$ 时表示因素对指标影响显著，当 $P<0.01$ 时表示因素对指标影响极显著。

3.4.3　生态基材试验结果与分析

1.基材的物理性质

为了研究各因素对基材物理特性的影响，列出基材的体积密度、孔隙率、含水率、pH 值和渗透系数随各因素水平值的变化如图 3.13 所示。

由图 3.13 可知，含水率和渗透系数随煤-客比增加而减小，通过方差分析得出煤-客比对基材的含水率和渗透系数有极显著的影响（$P<0.01$）。随着粉煤灰水泥含量的增加，该基材的含水率、孔隙度和渗透系数降低，因为粉煤灰水泥的粒径很小并且含有机胶体，从而降低了孔隙率和增加了渗透系数。随玉米秸秆含量的增加，孔隙率和渗透系数明显增加，而体积密度降低；玉米秸秆含量对孔隙率的影响与体积密度相反。通过对试验组的方差分析得出玉米秸秆含量对基材的孔隙率和渗透系数有极显著的影响（$P<0.01$），这是由于玉米秸秆是一种松散的物质，可以增强基质的团聚和增加多孔性，对基材结构产生疏松效果[126]。含水率和 pH 随保水剂用量增加而增大（$P<0.05$），而渗透系数随保水剂用量增加而减小（$P<0.05$）。此外，粉煤灰水泥的含量增加提高了基材的 pH，说明粉煤灰水泥可以对基材的酸性起到中和效果。

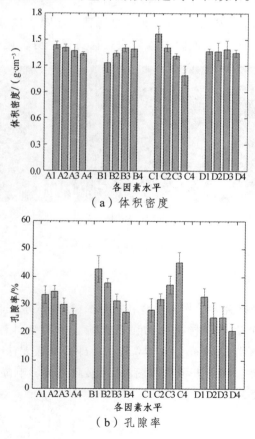

（a）体积密度

（b）孔隙率

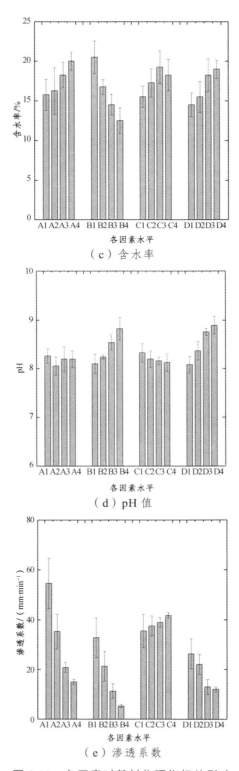

（c）含水率

（d）pH 值

（e）渗透系数

图 3.13　各因素对基材物理指标的影响

2. 基材营养成分分析

为了研究各因素对基材营养成分特性的影响，基材的 N 元素含量、K 元素含量、P 元素含量、有机碳含量、$R_{C:N}$、$R_{C:P}$ 和 $R_{N:P}$ 随各因素的变化如图 3.14 所示。

由图 3.14 可知，与其他因素相比，玉米秸秆含量对基质营养成分的影响最大，特别是玉米秸秆含量添加到 60 g/kg 时可以有效地改善 N 元素、K 元素和有机碳含量，这是由于玉米秸秆中的有机碳和 N 含量高。K 元素和 P 元素含量是所有植物生长必不可少的，研究发现将煤系土的量减少至 250 g，有机碳和 P 元素含量均显著降低，因为煤系土比客土中的 P 元素和有机碳含量更多。

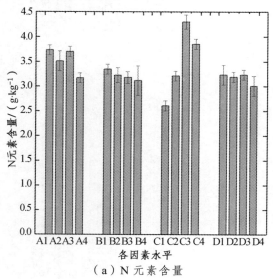

（a）N 元素含量

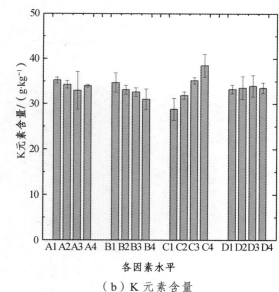

（b）K 元素含量

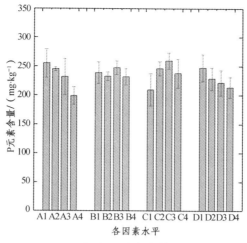

（c）P 元素含量

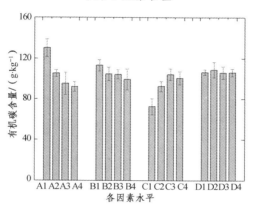

（d）有机碳含量

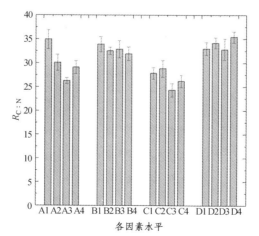

（e）$R_{C:N}$

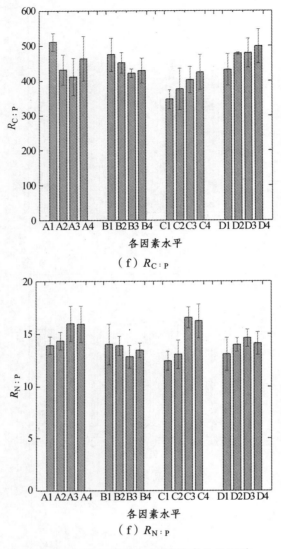

图 3.14　各因素对基材营养成分的影响

$R_{C:N}$，$R_{C:P}$ 和 $R_{N:P}$ 是分析土壤肥力的重要指标，可衡量生态基材各因素提供植被生长的能力。由图 3.14 可知，各因素影响的 $R_{C:N}$ 值在 26.1～31.7 之间。$R_{C:N}$ 受煤-客比的影响显著（$P<0.05$），随煤-客比降低到 500 g：500 g，$R_{C:N}$ 值从 36.7 降低到 24.9，研究表明 $R_{C:N}$ 的最佳值为 25[126]。当 $R_{C:N}$ 较低时，N 元素会挥发或以液态 N 的形式流失，从而降低土壤的肥力；当 $R_{C:N}$ 较高时，基材中微生物的生长和繁殖导致 N 元素含量受抑制和有机物出现腐烂，这会影响植被的正常生长发育。本研究中绝大多数因素的 $R_{C:N}$ 值大于 25，最靠近 25 的因素水平为最佳，玉米秸秆含量添加到 60 g/kg 时，$R_{C:N}$ 值为 25.1，因此玉米秸秆含量 60 g/kg 为最佳值。$R_{C:P}$ 随玉米秸秆增大而增

大（$P<0.05$）。$R_{C:P}$受到煤-客比影响显著（$P<0.05$），随煤-客比降低到 500 g : 500 g，$R_{C:P}$ 值从 511.3 降低到 394.4，较大的煤-客比也会使有机碳含量明显大于 P 元素含量，基材的 P 元素含量被抑制，影响植物蛋白质的形成。$R_{C:N}$ 受到煤-客比和玉米秸秆的影响显著（$P<0.05$）。研究表明 $R_{C:N}$ 的最佳值在 16～22 之间，玉米秸秆含量添加到 60 g/kg 时，$R_{C:N}$ 为最佳值 16.1，说明较大的玉米秸秆使 C 元素含量明显大于 N 元素含量，基材的 N 元素含量被抑制。

以上分析说明生态基材肥力最高的煤-客比、玉米秸秆的水平分别为 500 g : 500 g、60 g/kg。

3. 植物生长特性分析

为了研究各因素水平对植物生长特性的影响，香根草的发芽率、覆盖度、植物高度、根生物量和根土面积比随各因素水平的变化如图 3.15 所示。

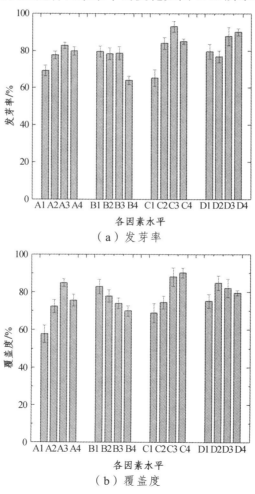

（a）发芽率

（b）覆盖度

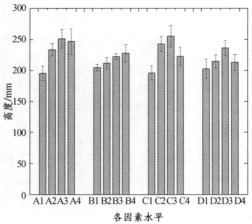

（c）植物高度

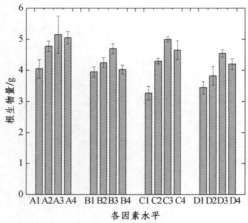

（d）根生物量

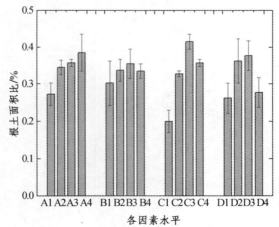

（e）根土面积比

图 3.15　各因素对植物生长指标的影响

由图 3.15 可知，当煤-客比降低到 500：500 时，发芽率从 67%增加到 82%（$P<0.05$）。一定量的粉煤灰水泥不影响发芽率，这是由于水泥中粉煤灰能中和土壤的酸性，有利于种子的发芽；将过量的粉煤灰水泥添加到基材中会降低发芽率（$P<0.05$）。玉米秸秆和保水剂对发芽率有显著影响（$P<0.05$），这种现象与玉米秸秆的养分和保水剂的光合水气交换作用有关，从而促进了种子的发芽。玉米秸秆还可以提高生物量和植物高度（$P<0.01$），这种现象是由玉米秸秆的养分（N 元素和 P 元素）引起的，它促进了植物叶片的生长。

煤-客比的降低对植被生长具有积极影响（$P<0.05$）。植被的发芽和生长随着保水剂用量的增加呈先增长后减小的趋势，保水剂用量为 2 g/kg 的植被高度和植被生物量最为显著。这说明植被的生长与保水剂的用量之间呈非线性关系，保水剂对植被的生长有促进作用，但是过高浓度的保水剂对植物生长有抑制作用，存在最佳浓度的保水剂使植被生长最好。玉米秸秆的增加有利于植被高度、根生物量和根土面积比（$P<0.01$），但添加 60 g/kg 玉米秸秆的基材植物生长状况最好。适量煤-客比和外源物质可以增加根生物量，改善植被的生长（植被高度、根生物量）。然而过量的外源物质能导致基材疏松和营养元素过高，从而抑制植物生长。简而言之，当煤-客比为 500 g：500 g、玉米秸秆含量为 60 g/kg，粉煤灰水泥含量为 60 g/kg，保水剂用量为 2 g/kg 时，香根草的发芽和生长状况最好。

4. 基材力学特性分析

由于基材直接铺设在坡面表层，会受到干湿交替和大气作用，其基材的力学性质关系到其耐久性。为了研究各因素对基材力学特性的影响，基材的黏聚力和内摩擦角随各因素的变化如图 3.16 所示。

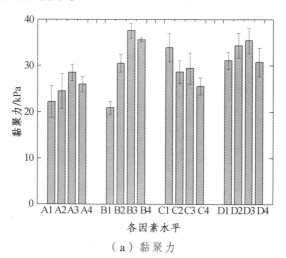

（a）黏聚力

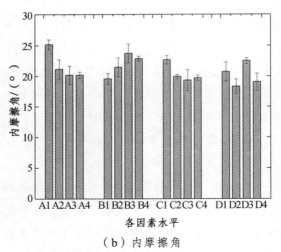

（b）内摩擦角

图 3.16　各因素对基材抗剪指标影响

由图 3.16 可知：当煤-客比小于 500 g：500 g 时，黏聚力随着煤-客比的增加而增加；煤-客比大于 500 g：500 g 时，黏聚力随着煤-客比的增加而减小。粉煤灰水泥含量对生态基材的黏聚力影响较大（$P<0.01$），生态基材黏聚力随粉煤灰水泥含量增加而增大，但黏聚力与粉煤灰水泥的含量并不直接成比例，存在粉煤灰水泥最佳量使黏聚力达到最大，这与粉煤灰水泥-水反应有关。水泥中的硅、铝和钙等活性化学物质会与生态基材中的水反应，基材的水反应程度随粉煤灰水泥含量的增加而变得剧烈，从而增加生态基材黏聚力。然而，过量的粉煤灰水泥（超过 60 g/kg）不会和水起反应，会降低基材黏聚力；不同煤-客比的基材黏聚力差异显著（$P<0.05$）。所以煤-客比和水泥分别为 500 g：500 g 和 60 g/kg 时，基材黏聚力最大。玉米秸秆含量和保水剂用量对基材强度指标影响不显著，各因素对内摩擦角的影响不显著。

5. 方差分析

为了探讨生态基材中 4 个因素（煤-客比、粉煤灰水泥含量、玉米秸秆含量和保水剂用量）对 19 个指标的显著性，将各指标的方差分析结果列于表 3.5 中。

表 3.5　正交试验方差分析

指标	因素 A	因素 B	因素 C	因素 D
体积密度	1.300	1.198	24.563*	0.296
孔隙度	1.853	21.884**	36.071**	2.455
含水率	27.384**	1.838	8.960*	11.741*
pH	0.551	12.908*	1.439	11.914*
渗透系数	29.094**	10.953*	11.894*	11.005*
N 元素含量	0.731	1.462	13.702*	0.021
K 元素含量	1.427	2.583	10.992*	0.335

指标	因素 A	因素 B	因素 C	因素 D
P 元素含量	11.806*	0.063	24.869**	1.093
有机质含量	13.102*	1.517	15.338*	1.962
$R_{C:N}$	1.658	1.669	13.723*	1.066
$R_{C:P}$	11.216*	1.059	22.522**	1.097
$R_{N:P}$	10.395*	1.831	12.528*	7.875
发芽率	9.288*	2.397	34.247**	13.169*
覆盖度	10.521*	2.625	11.846*	2.412
植物高度	11.799*	1.288	23.448**	1.819
根生物量	26.288**	26.26*	37.374**	11.479*
RAR	2.324	2.676	32.586**	9.859
黏聚力	20.666*	30.776**	6.169	4.149
内摩擦角	0.316	0.605	0.117	0.140

注：**表示极显著（$P<0.01$），*表示显著（$0.01<P<0.05$）。

由表 3.5 可知，总共有 37 个显著，其中有 12 个极显著（$P<0.01$）和 25 个显著（$P<0.05$）。玉米秸秆（C）是影响最大的因素，有 7 个极显著（$P<0.01$）和 9 个显著（$P<0.05$），因子 C 对生态基材的物理性质和植物生长指标影响较大；煤-客比（A）具有 2 个极显著（$P<0.01$）和 9 个显著（$P<0.05$），因子 A 对生态基材的物理和营养成分影响较大；保水剂用量（D）有 5 个显著（$P<0.05$），保水剂用量对生态基材的物理性质和植物生长指标影响较大；水泥用量（B）有 3 个极显著（$P<0.01$）和 2 个显著（$P<0.05$），主要与植物的物理性能和力学强度指标有关。

根据方差分析的结果，4 个因素对所有指标的影响程度依次为玉米秸秆含量>煤-客比>粉煤灰水泥含量>保水剂用量。

每个因素的最佳水平数量见表 3.6。

表 3.6　每个因素的最佳水平数量

水平	因素			
	煤-客比	粉煤灰水泥含量	玉米秸秆含量	保水剂用量
1	A1（2）	B1（0）	C1（2）	D1（0）
2	A2（2）	B2（2）	C2（2）	D2（1）
3	A3（6）	B3（2）	C3（7）	D3（3）
4	A4（1）	B4（1）	C4（5）	D4（1）
总和	11	5	16	5

由表 3.6 可知，4 个因素对所有指标的水平数共有 37 个。因此，因素 A 到 D 的最佳级别分别为 11 个、5 个、16 个和 5 个。A3（9）、B3（2）和 D3（3）是相应指标的最佳水平。B2（2）和 B3（2）的含量基本相同，表明水泥的最佳剂量在 30 至 60 g/kg 之间，最终选择了 45 g/kg。C3（8）和 C4（7）的含量基本相同，表明玉米秸秆的最佳剂量在 40 ~ 60 g/kg 之间，最终选择了 50 g/kg。

因此，确定了煤系土生态基材的最优配方：煤-客比 1 : 1（500 g：500 g），粉煤灰水泥含量为 45 g/kg，玉米秸秆含量为 50 g/kg，保水剂用量为 2 g/kg。

3.5　GFRP 锚网植被护坡技术的提出

3.5.1　GFRP 锚网植被护坡技术的概念

结合对煤系土浅层滑移力学特征的分析、对 GFRP 锚杆力学性能的分析和对煤系土植被技术的研究，项目组提出 GFRP 锚网植被护坡技术，如图 3.17 所示。

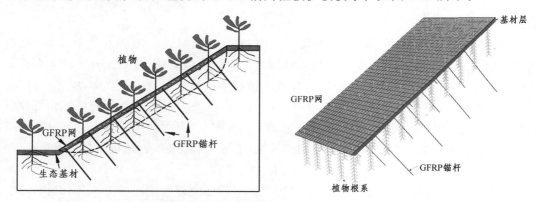

图 3.17　GFRP 锚网植被护坡技术示意图

该方法应用 GFRP 锚网的加筋和锚固作用保证易滑移煤系土浅层边坡的早期稳定性，生态修复的植物根系在中后期发挥根系加筋作用和锚固作用，最终达到长期防护煤系土浅层边坡和保护生态环境的目标。

该技术符合生态保护修复的国家战略，对于易反复滑移的煤系土浅层边坡，使用该技术可使早期工程措施向最终的生态防护措施转变，充分发挥早期 GFRP 锚网的高强度锚固力和约束力，可以保障在生态群落建立后植物对边坡浅层的长期稳固性和生态性。

3.5.2　GFRP 锚网植被护坡技术原理

GFRP 锚网植被护坡技术具有不同的时空效应。GFRP 锚网组成的空间结构在早期植被防护未建立时对易滑移的煤系土坡体变形发挥约束作用和提供锚固作用；在植被防护建立后，植物根系和 GFRP 锚网形成空间结构，植被须根和 GFRP 网对表层的加筋作用与木本植物深根和 GFRP 锚杆锚固作用组成协同体系，最终边坡植物根系的加筋和锚固作用代替慢慢退化的 GFRP 锚网发挥主要防护作用。该技术原理主要有：

1. GFRP 锚网结构早期约束变形和传递应力作用

该技术防护早期主要是 GFRP 锚网结构发挥防护作用。GFRP 网约束易反复、易滑动煤系土浅层边坡土体，提高土体强度，减小降雨侵蚀的扩展，同时还可以稳固早期生态基材。GFRP 网和 GFRP 锚杆结合后，将滑移区的下滑力和表层变形产生的土压力传给 GFRP 锚杆的锚固段。

2. GFRP 锚网结构和植物根系中期协同防护作用

该技术防护中期主要是 GFRP 锚网结构与植物根系共同防护。GFRP 锚网约束了边坡土体的变形，限制表层土体的隆起。GFRP 网和植物根系连接形成板块结构，增加一定厚度范围内基材层的抗拉强度和抗剪强度。生态基材技术能对煤系土边坡进行坡面保护和保障植被生长。木本植物深根和 GFRP 锚杆锚固作用组成协同体系共同抵抗边坡下滑力。

3. 植物根系后期对土体加筋和锚固发挥主要作用

在生态群落建立后，边坡表层土体中，庞大根系的分布交错非常复杂，可视为根系对边坡土体的三维加筋作用，庞大根系与边坡表层土体共同组成复合材料约束边坡土体的变形。木本植物的深根具有较高的抗拉强度和锚固力，可穿过表层全风化的松散土层，扎入较深的稳定强风化炭质岩层，提供的锚固力可增加浅表层潜在滑动面的抗滑力，提高浅层边坡稳定性。

3.5.3 GFRP 锚网植被护坡技术特点

GFRP 锚网植被护坡技术的特点主要有以下几方面：

（1）技术简单可靠。该技术采用 GFRP 锚网和植被作为防护体系，GFRP 锚杆和 GFRP 网为工厂定制，技术较简单。生态基材为植被生长提供营养，植物生长防治浅层的滑塌、侵蚀，其整体性好，可靠性高。

（2）美化和保护环境。植被护坡除了能保护和稳定边坡外，还可绿化边坡，协调工程与周围环境，有效解决煤系土边坡防护与生态环境保护的矛盾，实现人类活动与大自然保护的协调发展。相对于传统工程防护，GFRP 锚网的退化对生态环境的污染大大降低。

（3）造价低，施工方便。边坡加固时，考虑植被根系和 GFRP 锚网相结合的措施，减少工程的造价和种植的费用。

（4）耐久性好，强度高。GFRP 锚杆和 GFRP 网是以纤维为增强材料的新型复合材料，具有容重小和早期强度高等特点，逐渐被应用于岩土工程支护中。

3.6 本章小结

本章考虑暂态饱和区径流，建立了边坡浅层改进 Green-Ampt 入渗模型，针对浅层滑坡力学模型，在分析 GFRP 锚杆力学变化规律和研究煤系土植被技术的基础上，提出了 GFRP 锚网植被护坡技术。主要取得以下结论：

（1）考虑暂态饱和区径流建立降雨条件下边坡的浅层改进 Green-Ampt 入渗模型，并计算出了边坡溜坍和浅层滑坡上的安全系数和下滑力。治理浅层滑坡的关键在于如何提高抗滑力，所以提高表层土壤的黏聚力和提高抗滑力为治理煤系土边坡的浅层滑坡灾害的关键。

（2）通过对 GFRP 锚杆的力学试验得出了不同酸碱腐蚀时间 GFRP 锚杆杆体的抗拉强度与抗剪强度的变化规律。

（3）在现场植被调研基础上推荐煤系土边坡防护采用草本植物香根草和灌木植物多花木兰，煤系土基材的最优配方：煤-客土比为 500 g：500 g，粉煤灰水泥含量为 45 g/kg，玉米秸秆含量为 50 g/kg，保水剂用量为 2 g/kg。

（4）提出一种 GFRP 锚网植被护坡技术。该技术采用 GFRP 锚网结构支护和植物根系防护的不同时效性：GFRP 锚网结构早期起约束变形和传递应力作用，GFRP 锚网结构和植物根系中期发挥协同防护作用，最终植物根系发挥主要的土体加筋和锚固作用。同时，植被可治理边坡的景观，协调工程与周围环境。

第4章 GFRP锚网植被护坡技术模型试验

根据前章的分析，GFRP 锚网植被护坡技术为解决煤系土边坡浅层防护和生态修复提供了新的思路。GFRP 锚网植被护坡技术在护坡早期由 GFRP 锚网结构发挥主要作用，中期由植被根系和 GFRP 锚网支护一起发挥协同作用。为了全面认识两个时期 GFRP 锚网植被技术对边坡的防护机理，本章将采用模型试验研究早期和中期 GFRP 锚网植被护坡技术在降雨作用下的受力与变形规律，并探讨根系强度随植物生长时间的变化规律。

4.1 试验设计

4.1.1 相似比

本模型试验在 1.20 m × 0.60 m × 1.00 m（长度 × 宽度 × 高度）的钢化玻璃箱中进行。试验 GFRP 锚杆和灌木根的相似比见表 4.1，原 GFRP 锚杆和模型锚杆的几何相似比 $C_{L_m} = 8$，植物主根的几何相似比 $C_{L_r} = 8$，锚杆应力相似比 $C_\sigma = 5.0$，降雨强度相似比 $C_q = \sqrt{8}$。

表 4.1　锚杆和灌木主根相似比

类别	参数	相似关系	相似常数
锚杆几何	长度	C_{L_m}	8
	位移	C_χ	8
灌木主根	长度	C_{L_r}	8
锚杆材料	锚杆应力	C_σ	5
	锚杆应变	C_ε	1
	弹性模量	$C_E = \dfrac{C_\sigma}{C_\varepsilon}$	5
降雨荷载	降雨强度	$C_q = \sqrt{C_L}$	$\sqrt{8}$
	渗透系数	$C_{k_s} = C_q$	$\sqrt{8}$

本试验主要是研究成年植物根系的存在对锚杆受力和边坡稳定的影响，植被相似比的模拟材料很难寻找合适的。本章考虑到成年植物根系尺寸的相似性，选取生长龄期为 3 个月的植物作为试验根系可行。

4.1.2　试验材料

1. 土　层

边坡模型仅左侧为自由排水边界，底部、前后和右侧均为不排水界面。如图 4.1 所示，边坡高 80 cm，长 120 cm，坡比为 1∶1.25。

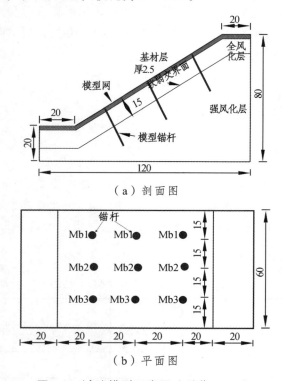

图 4.1　试验模型示意图（单位：cm）

由图 4.1 可知，该模型试验设计为 3 层边坡土体：强风化土层、全风化土层和基材层。根据前面煤系土边坡的力学特征，设计全风化土层深度为 15 cm，基材层厚度为 2.5 cm。

试验前根据相似比进行正交试验确定各材料配比。本试验采用水泥、石膏、水和河砂（质量比为 1∶0.5∶1∶60）制作强风化土层；全风化土层由煤系土、石膏和河砂（质量比为 1∶0.5∶0.7）调制而成；基材层采用第 3 章的最优配方，即煤-客土比为 500 g∶500 g，粉煤灰水泥含量为 45 g/kg，玉米秸秆含量为 50 g/kg，保水剂用量为

2 g/kg。在试验前首先对 3 土层样本进行室内试验，测量各土层的物理和强度指标，见表 4.2。

表 4.2　模型各土层的物理和强度指标

土层	重度/ （kN·m⁻³）	含水率/%	饱和渗透系数/ （mm·h⁻¹）	黏聚力/kPa	内摩擦角/ （°）	弹性模量 /MPa
强风化土	19.95	17.60	0.07	9.13	33.40	96.80
全风化土	16.08	19.60	1.70	4.89	19.20	35.60
基材	13.41	22.60	0.97	7.12	35.00	45.10

2. 模型 GFRP 锚网的设计

根据相似比，GFRP 网选择土工网（网孔尺寸 15 mm）模拟，GFRP 锚杆选择塑料管模拟，参数见表 4.3。

表 4.3　有机空心玻璃管的基本参数

材料	长/mm	直径/mm	密度/（kg·m⁻³）	泊松比
塑料管	60	4	1400	0.30

本试验模型 GFRP 锚杆由黑色塑料管模拟，如图 4.2 所示。在模型锚杆标定前先对黑色塑料管外表面采用 2000 目砂纸进行粗糙处理。

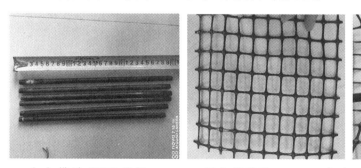 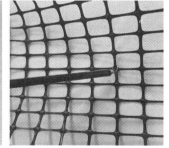

（a）模型 GFRP 锚杆　　　（b）模型网　　　（c）模型锚和模型网的连接

图 4.2　模型锚网的示意图

模型锚杆采用抗拉试验标定。先用胶水在塑料管外表面相应位置粘贴应变片并用胶带包裹，放置 24 h 使其干燥。采用万能试验机进行拉伸，用数据用采集仪收集数据，荷载分 7 分级施加。锚杆拉伸标定结果见表 4.4，荷载和应变的拟合曲线如图 4.3 所示。通过标定可知模型锚杆在测量范围内稳定。通过实际监测的应变与标定的荷载应变量确定单位抗拉强度对应应变为 155 με。

表 4.4　锚杆拉伸标定结果

加载等级	加载/N	应变/με				
		1	2	3	4	均值
1	12	305.45	308.54	312.15	315.42	310.39
2	24	768.64	771.65	778.62	781.20	775.03
3	36	1238.51	1238.75	1242.61	1245.01	1241.22
4	48	1898.61	1901.52	1904.65	1889.94	1898.68
5	60	2451.32	2449.21	2457.12	2462.12	2454.94
6	72	2965.47	2978.40	2986.21	2977.05	2976.78
7	84	3510.50	3500.21	3512.64	3528.39	3512.94

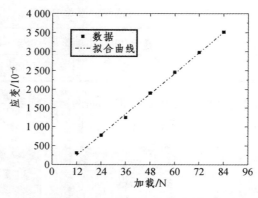

图 4.3　锚杆拉伸标定拟合结果

3. 植　物

本试验在昌栗高速沿线植被调研的基础上，选取草本植物香根草和灌木植物多花木兰进行试验。在植物种子播撒之前，对两种植物进行了发芽率试验，两种植物的发芽率均在 90% 以上。在播种前 1 d 对多花木兰种子进行 12 h 以上水浸泡。植物播种时间在 2019 年 4 月 30 日，播种量根据相关文献定为 20 g/m²，草灌种子比为 1∶4，均匀播撒。植物的发芽和生长环境都为室外，植物生长过程中不施加任何肥料。

4.1.3　试验工况

本模型试验根据护坡不同时期情况设计两种工况，如图 4.4 所示。

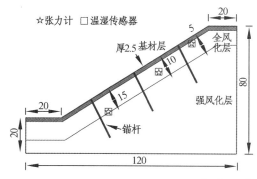

（a）工况一：早期裸坡

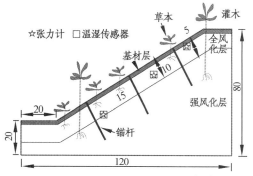

（b）工况二：中期生态坡

图 4.4　不同工况的剖面示意图（单位：cm）

工况一为仅有模型锚网加固边坡，边坡没有植被存在，简称为"早期裸坡"；工况二为锚网+草灌植物，简称为"中期生态坡"，根据灌木主根相似比，对草灌植物生长 3 个月的中期生态坡进行降雨试验。为了消除草灌植物冠层在降雨早期的截留作用影响，中期生态坡在降雨试验前减去坡面草灌植物的茎叶部分。

4.1.4　试验过程

本试验过程如图 4.5 所示。

本试验可分为以下几个步骤：

（1）填土层：过 2 cm 筛的土样分 5 层填筑和压实，每层土厚为 10 cm，采用击实试验方法控制滑带土的压实度在 95%以上。

（2）埋设模型锚杆和监测元件：模型锚杆的锚固段埋设到强风化土内，监测元件（土压力盒、张力计和温湿传感器）分别埋设到边坡滑体土的不同深度。

（3）生态边坡最后一层填筑生态基材（煤-客比为 500 g：500 g，粉煤系水泥含量为 45 g/kg，玉米秸秆含量为 50 g/kg，保水剂用量为 2 g/kg），均匀播草灌种子并养护，同时铺设模型土工网并连接模型锚网节点。

（a）填土夯实　　　　　　（d）植物生长　　　　　　（c）数据采集

图 4.5　试验过程

（4）安装降雨系统（喷头、水管和微型水泵），进行降雨试验。数据采集系统采用溧阳伟涵仪器厂生产的 YBY-2001 应变测试分析系统。锚杆应变片和位移计、土压力盒连出的数据线连接到应变测试分析仪上，再通过导线连接至应变测试分析仪和笔记本电脑，从电脑上可以观察模型锚杆在降雨作用下的应力应变关系。

4.1.5　降雨方案

为了分析降雨对 2 个工况的边坡影响，结合江西省萍乡市的降雨特点，选取 3 种降雨强度分别为 20 mm/h（大雨）、40 mm/h（暴雨）和 60 mm/h（大暴雨）。降雨前先调节好降雨强度 20 mm/h（喷头系统水流量为 0.05L/min）所需要的喷头数，40 mm/h（喷头系统水流量为 0.1L/min）和 60 mm/h（喷头系统水流量为 0.147L/min）降雨强度通过增加 1 倍和 2 倍的喷头数确定降雨强度，降雨历时为 6 h。

4.2　试验数据采集和方案

试验需要采集降雨作用下的边坡位移变化、模型锚杆应变变化、边坡土体的含水率和基质吸力。

4.2.1　位移采集

坡面的水平和竖向变形监测采用 YWC-20 型位移传感器。该位移传感器内置悬臂梁结构，悬臂梁采用高弹性材料，经过热处理后，粘贴 4 片高精度应变片，采用全桥组桥方式，温度可自补偿。位移传感器参数见表 4.5，位移计的布置如图 4.6 所示。

表 4.5　位移传感器参数

参数	数值
阻抗	350 Ω
测量范围	0～50 mm
桥路类型	全桥
接线方式	红 EG+，黄 VI+，蓝 EG－，黑 VI－
分辨率	≤0.5%F.S.
供桥电压	2 V

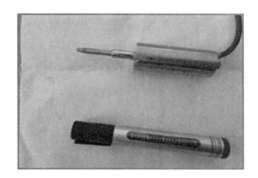

图 4.6　位移计的布置实物图

4.2.2　边坡土压力监测

锚杆周边的土压力采用微型土压力盒进行监测，土压力盒参数见表 4.6。

表 4.6　土压力盒参数

参数	数值
阻抗	350 Ω
测量范围	0～0.2 MPa
外形尺寸	长 27 mm×宽 10 mm
接线方式	输入→输出：AC→BD
分辨率	≤0.05%F.S.
绝缘电阻	≥200 MΩ

微型土压力盒的直径和厚度分别为 28 mm、7 mm，土压力测量范围为 0 ~ 0.2 MPa，绝缘电阻大于 200 MΩ。在埋设之前首先对土压力盒进行检查和校正，在埋设时土压力盒尽量平整放置并采用细土对周围进行填充，在降雨试验前用采集仪测试每个土压力盒的初始土压力。压力盒的布置如图 4.7 所示。

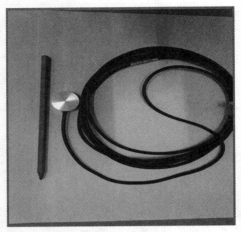

（a）微型土压力盒

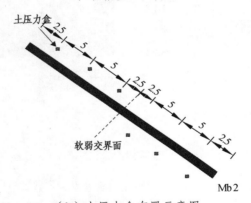

（b）土压力盒布置示意图

图 4.7　微型土压力盒和布置示意图

微型土压力盒的工作原理为：

$$P = K_\varepsilon \mu_\varepsilon \qquad (4.1)$$

式中：K_ε 为率定系数，取 0.051 ~ 0.055；

　　　μ_ε 为应变量；

　　　P 为土压力值（MPa）。

4.2.3 模型锚杆的应变采集

模型锚杆的杆身变形监测采用 BX120-2AA（20X3）电阻式应变片，应变片参数见表 4.7。

表 4.7 应变片参数

参数	数值
电阻值	（120±0.2）Ω
灵敏系数	（2.08±1）%
外形尺寸	长 4.5 mm×宽 2.4 mm
接线方式	半桥
补偿方式	电路补偿
绝缘电阻	≥200 MΩ

在粘贴应变片之前，先用细砂纸打磨锚杆，应用 502 胶和胶带采用等距法在 Mb2 模型锚杆的受拉一侧进行应变片的粘贴。应变片布点为 6 个，其布置如图 4.8 所示。

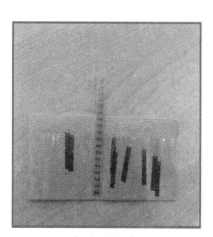
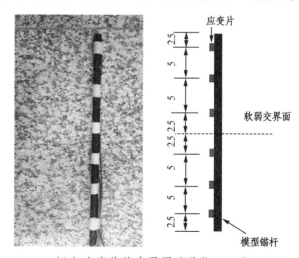

（a）应变片　　　　　　　（b）应变片的布置图（单位：cm）

图 4.8 应变片布置图

4.2.4 含水率和基质吸力的采集

土体含水率的测定采用 NHSF48BR 温湿传感器，基质吸力监测采用菱云科技生产的电子土壤张力计，参数见第 2 章。温湿传感器和张力计的布置如图 4.4 所示。

4.2.5　植物根系固土

对中期生态坡模型进行植物不同生长时间的根系固坡力学研究。边坡植物生长 3 个月、6 个月、9 个月、12 个月和 15 个月时，距坡面 10 cm、20 cm、30 cm、40 cm、50 cm、60 cm 和 70 cm 处用根钻采集根-土样品，每处取 3 个样本，测量根土面积比。用水冲洗掉根-土复合体样的土壤部分，得到的根系放入保鲜袋中。单根抗拉试验采用万能试验机，拉伸加载速度控制定为 0.02 mm/s，如图 4.9 所示。

 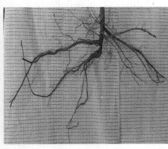 

　　（a）香根草根　　　　　（b）多花木兰根　　　　（c）万能拉伸试验机

图 4.9　根系和抗拉试验设备

基材抗剪强度通过直剪试验得到，试验仪器为四联直剪仪，剪切速率为 1.0 mm/min。以剪切应力为 Y 轴和剪切位移为 X 轴作 3 个垂直荷载下的应力-应变关系图，选择曲线的峰值点或稳定点的剪切力，或选择剪切位移为 4 mm 时的相应剪切力（曲线上没有明显的峰值点）为抗剪强度。

4.3　结果分析

根据模型降雨试验得到的数据，分析两个时期边坡在不同降雨强度下位移、土压力值、含水率、基质吸力的变化趋势，研究锚杆的应力和应变分布趋势；探讨不同植物生长时间根系对土体加固作用的影响规律。

4.3.1　位移变化

不同降雨强度时边坡位移与降雨历时的变化曲线如图 4.10 所示。

由图 4.10（a）可知，边坡水平位移随着降雨历时的增加呈先缓慢增加后快速增大的趋势，在降雨历时小于 3.5 h 时，两个工况边坡的累计水平位移小于 2 mm，说明早期裸坡和中期生态坡在降雨初期阶段处于稳定状态。随着降雨的发展，边坡水平位移随着降雨历时的增加而增大，且增幅也出现增大趋势，说明边坡变形在降雨作用下快速由弹性变形进入塑性变形。由早期裸坡和中期生态坡曲线可知，早期裸坡的水平位移最大为 5.4 mm，中期生态坡的水平位移最大为 2.75 mm，说明随着时间的增加，边坡根系锚固参与到锚网结构中一起防护边坡，水平位移减小了约 2.65 mm，减小幅度为 49.07%。这说明中期生态坡的草灌根系对边坡水平变形存在约束作用。由图 4.10(b)可知，早期裸坡的竖向位移最大值仅为 2.15 mm，中期生态坡的竖向位移最大值为 1.70 mm，说明随降雨时间增加，边坡草灌根系生长，竖向位移减小了 0.45 mm，减小幅度为 20.93%。边坡竖向位移小于水平位移。

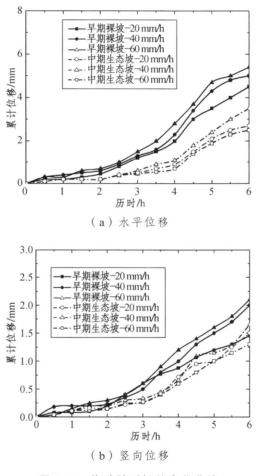

（a）水平位移

（b）竖向位移

图 4.10　位移随时间的变化曲线

通过以上分析可知，两个工况的边坡水平和竖向位移都比较小，说明 GFRP 锚网植被护坡技术可以有效地约束坡体变形，中期生态坡对坡体的约束能力要优于早期裸坡。

4.3.2 锚杆应变与应力变化

1.锚杆应变

根据降雨过程中应变片采集的数据，得到两个工况的模型锚杆应变随锚杆长度方向的分布曲线，如图4.11所示。

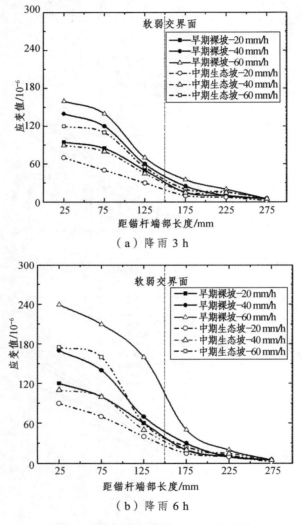

（a）降雨3 h

（b）降雨6 h

图4.11 锚杆不同部位应变变化曲线

由图4.11可知：在降雨作用下，锚杆的应变随着埋深的增加而减少，锚杆自由段的应变明显大于锚固段。随着降雨强度的增加，锚杆自由段的应变增加明显，而锚固段的应变增幅很小，特别是锚杆的端部应变最小。中期生态坡的锚杆应变变化趋势与早期裸坡锚杆的相同，但是应变量小于早期裸坡。降雨6 h时锚杆自由段的应变明显大于降雨 3 h 的应变，而锚固段的应变增幅却很小。降雨 6 h 时中期生态坡锚杆的最大应变为早期裸坡锚杆的 72.91%，降幅达 27.08%，说明中期生态防护可以减少锚杆的应力与应变。这主要是因为植物根系随着时间的增加而增大，中期草根的加筋作用和灌木根的锚固作用提供了部分约束力和抗滑力。

2. 锚杆轴力

根据室内试验的标定，通过锚杆应变变化得到锚杆轴向应力分布，如图 4.12 所示。

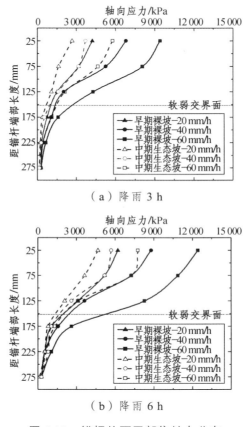

（a）降雨 3 h

（b）降雨 6 h

图 4.12　锚杆的不同部位轴力分布

由图 4.12 可知：锚杆轴向应力的变化趋势与应变相同，锚杆轴向应力分布沿着锚杆长度方向是不均匀的，随着锚杆端部长度的增加呈减小的趋势。靠近锚杆端部处达到峰值轴向应力，说明此处的应力容易达到临界值。随着降雨强度的增大，峰值轴向应力增大，锚杆轴向应力分布范围小幅度增大。中期生态坡锚杆的应力变化趋势与早期裸坡锚杆的相同，但其峰值轴向应力仅为早期裸坡锚杆峰值轴向应力的 63.15%。说明边坡锚杆的轴向应力随着时间增加而减小。

3. 锚杆剪应力

假定锚杆的黏结应力在相邻两个应变片之间分布均匀，根据力的平衡原理，锚杆的剪应力 τ 由公式（4.2）可求得。锚杆在不同部位的剪应力 τ 分布如图 4.13 所示。

$$\pi D_{\mathrm{m}} \tau_{\mathrm{m}i} l_{\mathrm{m}i} = A_{\mathrm{m}} E_{\mathrm{ma}}(\varepsilon_{i+1} - \varepsilon_i) \tag{4.2}$$

式中：$\tau_{\mathrm{m}i}$ 为第 i 个应变片的剪应力（kPa）；

$\quad\quad D_{\mathrm{m}}$ 为锚杆的直径（mm）；E_{ma} 为锚杆的弹性模量（MPa）；

$\quad\quad l_{\mathrm{m}i}$ 为锚杆上应变片间距（mm）；

$\quad\quad \varepsilon_i$、ε_{i+1} 为锚杆上相邻应变片的应变；

$\quad\quad A_{\mathrm{m}}$ 为锚杆横截面积（mm^2）。

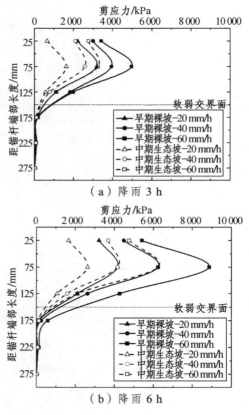

图 4.13 锚杆的不同部位剪应力分布

由图 4.13 可知：锚杆剪应力分布沿着锚杆长度方向是不均匀的，剪应力随着距离端部长度的增加呈先增大后急剧降低的趋势，最终趋向于零。锚杆剪应力在距离端部 75 mm 处达到最大值。随着降雨强度的增大，峰值应力增大，锚杆剪应力分布范围出现了小幅度扩大。中期生态坡锚杆的应力变化趋势与早期裸坡锚杆的相同，但其峰值剪应力仅为早期裸坡锚杆峰值剪应力的 72.12%。

综合以上分析可知，在降雨作用下，锚杆在全风化层内变形较大，中期生态坡的锚杆峰值轴向应力和峰值剪应力都要小于早期裸坡锚杆的，说明随着边坡植物生长时间的增加，坡体内锚杆和植物根系两者锚固力存在此消彼长的关系。

4.3.3 土压力变化

规定正界面的土压力为正值，背界面的土压力为负值，2 种工况边坡的正界面和背界面的土压力分布如图 4.14 所示。由图 4.14 可知：锚杆土压力在降雨作用下随着距锚杆端部长度的增加呈先增加后减小的趋势，为三角形分布。软弱交界面以上的锚杆后土压力随着降雨强度的增加而增大，最大土压力位于软弱交界面以上 25 mm 处。锚杆前土压力在软弱交界面以下 25 mm 处出现较大值，这是由于锚杆埋在强风化层嵌固段的锚固作用。中期生态坡的土压力变化趋势与早期裸坡土压力的相同，但其峰值土压力明显低于早期裸坡。

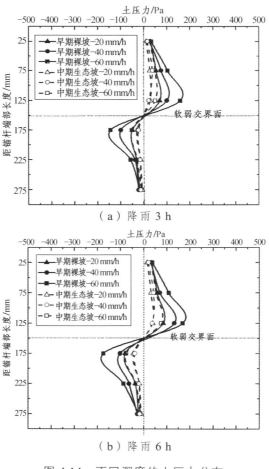

图 4.14 不同深度的土压力分布

4.3.4 边坡水力变化

降雨时，研究煤系土生态坡水力变化的关键是分析植被对边坡入渗的影响，即边坡土体的吸力和含水率的变化。对于不同降雨强度对煤系土生态坡的吸力和含水率分布的影响目前较少研究。本节基于模型试验研究了不同降雨强度下早期裸坡和中期生态坡的水力变化规律。

1. 含水率

2个工况边坡在降雨前测量初始含水率，如图4.15所示。

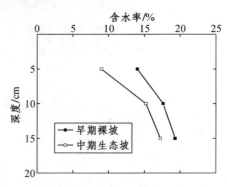

图4.15　边坡初始含水率随深度的变化

由图4.15可知：早期裸坡和中期生态坡的初始含水率随深度的增加而增大。这是由于受大气环境的影响，水分蒸发速度随着深度的增加而减小。中期生态坡的含水率在15 cm深度范围内均小于早期裸坡。在5 cm深度处的中期生态坡与早期裸坡的含水率差值为5.1%，均大于10 cm深度处（2.3%）和15 cm深度处（1.4%）。这说明植被防护可降低边坡的含水率，且生态防护作用对坡体含水量的影响随着深度的增加而减小。

不同降雨强度时早期裸坡和中期生态坡的含水率变化如图4.16所示。

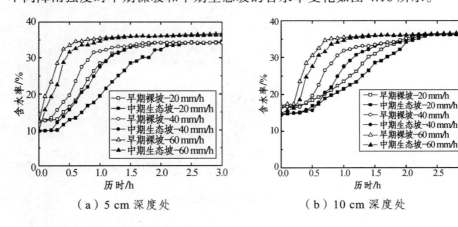

（a）5 cm深度处　　　　　　　　　　（b）10 cm深度处

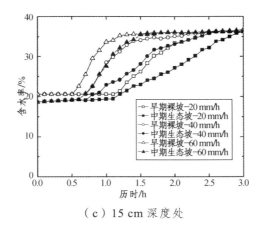

（c）15 cm 深度处

图 4.16 不同降雨强度下边坡含水率随时间的变化

由图 4.16 可以看出含水率与降雨历时关系曲线可以分成 3 个阶段：

（1）降雨早期，降雨入渗没有达到 5 cm（10 cm、15 cm）深度处，含水率变化较小。

（2）当降雨入渗达到 5 cm（10 cm、15 cm）深度处时，含水率随着降雨时间的增加而增大。

（3）当降雨入渗时间达到某一值时，土体趋于饱和，含水率达到最大后趋于恒值。

随着降雨强度的增大，含水率曲线变陡，且由初始含水率达到饱和水量所需的时间变短，这说明降雨强度越大，入渗量越大，但是当降雨强度大于最大渗透量时，坡面会出现径流，含水率曲线不再随着强度增加而变陡。

中期生态坡的含水率始终小于早期裸坡的含水率，且中期生态坡的含水率曲线较缓，说明植被加固可以延缓边坡在降雨过程中的含水率增幅。这是由于植被根系具有吸水作用，这种吸水作用随着降雨强度的增加而减小。

2. 基质吸力

2 个工况边坡在降雨前测量初始基质吸力，如图 4.17 所示。

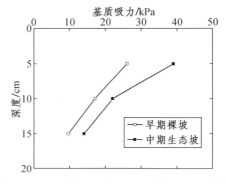

图 4.17 边坡初始基质吸力随深度的变化

由图 4.17 可知：早期裸坡和中期生态坡的初始基质吸力随着深度的增加而减小。这是由于受大气环境的影响，水分蒸发速度随着深度的增加而减小。中期生态坡的吸力在 15 cm 深度范围内均大于早期裸坡。在 5 cm 深度处的中期生态坡与早期裸坡的含水率差值为 12.5 kPa，均大于 10 cm 深度处（5.2 kPa）和 15 cm 深度处（2.5 kPa）。这说明植被防护可增强边坡的基质吸力，从而增加边坡的稳定性，且生态防护对坡体吸力的作用随着深度的增加而减小。

不同降雨强度时早期裸坡和中期生态坡的基质吸力变化如图 4.18 所示。

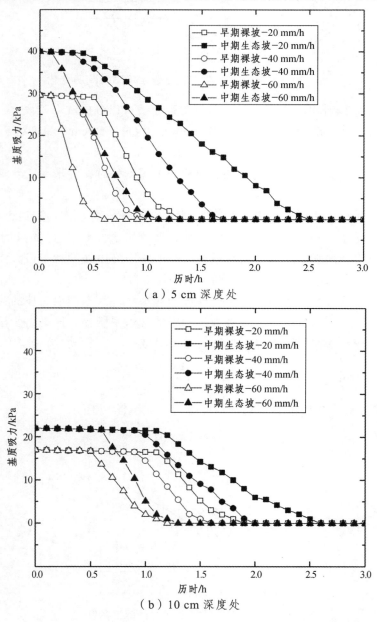

（a）5 cm 深度处

（b）10 cm 深度处

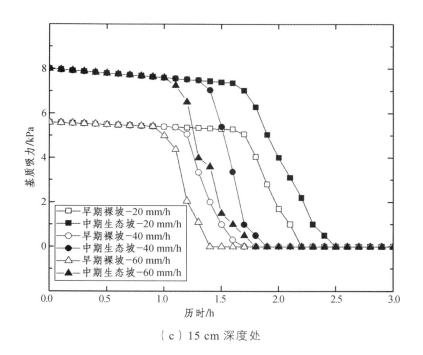

（c）15 cm 深度处

图 4.18　不同降雨强度下边坡基质吸力随时间的关系

由图 4.18 可以看出含水率与降雨时间关系曲线可以分成 3 个阶段：

（1）降雨早期，降雨入渗没有达到 5 cm（10 cm、15 cm）深度处，基质吸力变化较小。

（2）当降雨入渗达到 10 cm（10 cm、15 cm）深度处时，基质吸力随着降雨时间的增加而减小。

（3）当降雨入渗时间达到某一值时，土体趋于饱和，基质吸力变为零。

随着降雨强度的增大，基质吸力曲线变陡，且初始基质吸力值达到零所需的时间变短。这说明降雨强度越大，入渗量越大，但是当降雨强度大于最大渗透量时，坡面会出现径流，基质吸力曲线不再随着强度增加而变陡。

中期生态边坡的基质吸力始终大于早期裸坡，且生态边坡的基质吸力曲线较缓。这说明植被加固可以延缓边坡在降雨过程中的含水率增幅，从而延缓基质吸力的降幅。这是由于植被根系具有基质吸水作用，这种吸水作用随着降雨强度的增加而减小。

基于 Van Genuchten 模型和试验数据，笔者绘制了生态边坡与裸坡的水土特征曲线，如图 4.19 所示。

由图 4.19 可知：植物根系生长改变了煤系土的水土特征曲线。对比中期生态边坡与早期裸坡的水土特征曲线可知中期生态坡的进气值大于早期裸坡。这是由于根系的存在和生长，中期生态坡吸力值增加。由非饱和土理论可知植物的存在和生长提高了煤系土的持水能力，从而有助于提高边坡浅层稳定性。

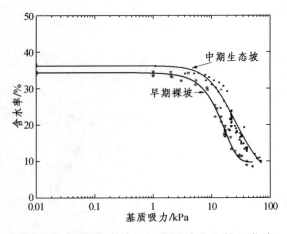

图 4.19　中期生态坡与早期裸坡水土特征曲线

4.3.5　根系加筋土力学变化

1. 植物根拉伸特性

在生长 15 个月内，草本植物香根草的根直径为 0.34 ~ 3.54 mm，灌木多花木兰的根直径在 0.34 ~ 2.92 cm。对草灌植物的根进行抗拉强度试验，抗拉力与根直径和植物生长时间之间的关系如图 4.20 所示。

由图 4.20 可以看出：植物的根抗拉力均随根系直径的增大而增加，它们之间存在明显的幂函数关系，相关系数 R^2 值均在 0.94 以上。这说明植物根系具有较高的拉力，具有明显的锚固作用。这一趋势与许多学者研究一致[151, 175]。当直径恒定时，香根草根抗拉力随着植物生长时间的增加而增大。当直径越大时，生长时间对根系抗拉力的

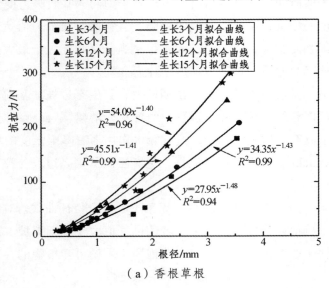

（a）香根草根

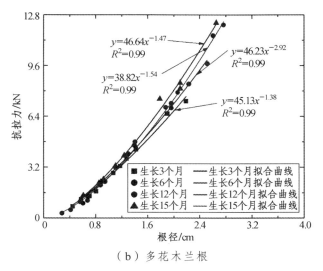

$y=46.64x^{-1.47}$
$R^2=0.99$

$y=46.23x^{-2.92}$
$R^2=0.99$

$y=38.82x^{-1.54}$
$R^2=0.99$

$y=45.13x^{-1.38}$
$R^2=0.99$

（b）多花木兰根

图 4.20　植物不同生长时间的根系抗拉力

影响越大，即直径越大，香根草生长时间对根系抗拉力就越敏感。这说明随着植物的生长发育，根系的抗拉能力越来越强。这是因为随着植物生长发育，植物根系内部的纤维含量逐渐增多，木质化程度增加，提高了根系的抗拉断裂极限能力[176]。

不同生长时间的根系抗拉强度如图 4.21 所示。

由图 4.21 可知：草灌根的抗拉强度均随根系直径的增大而减小，它们之间满足幂函数关系，相关系数 R^2 值均在 0.69 以上。当根径小于 1 mm 时，香根草根的最大抗拉强度为 125 MPa，而多花木兰的最大抗拉强度仅为 57.05 MPa。这与香根草的生理特点有关，草本根与土壤接触充分，促进了根-土复合材料抗拉强度的增加。直径恒定时，植物根的抗拉强度随着根生长期的增加而增大。这是由于多花木兰的根直径平方的增幅明显大于香根草，导致多花木兰根抗拉强度比香根草抗拉强度小[176]。

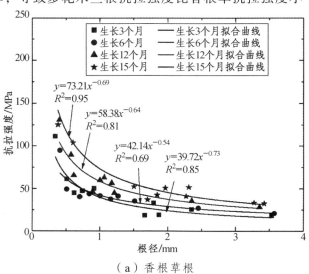

$y=73.21x^{-0.69}$
$R^2=0.95$

$y=58.38x^{-0.64}$
$R^2=0.81$

$y=42.14x^{-0.54}$
$R^2=0.69$

$y=39.72x^{-0.73}$
$R^2=0.85$

（a）香根草根

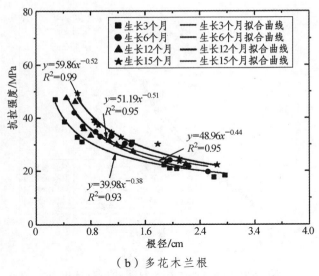

（b）多花木兰根

图 4.21　不同生长时间的根系抗拉强度

2. 根土面积比和根-土强度

植物生长 3 个月、6 个月、9 个月、12 个月和 15 个月时根生长深度和根土面积比如图 4.22 所示。

由图 4.22（a）可知：灌木根系深度随着生长时间的增加而增大，两者满足指数关系。由图 4.22（b）可知：根土面积比（RAR）随着土体深度的增加而减小，在深度为 10 cm 的全风化层内，生长 15 个月的平均根土面积比是生长 9 个月的 1.38 倍。根土面积比明显随着土体深度的增加而减少。不同深度土层的根土面积比随着生长时间的增加而增大，生长 3 个月时的根系深为 40 cm，生长 9 个月时的根系深为 60 cm，生长 15 个月时的草灌根生长达到试验模型的底部（＞80 cm）。

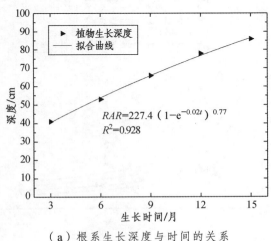

（a）根系生长深度与时间的关系

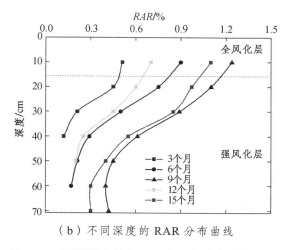

（b）不同深度的 RAR 分布曲线

图 4.22 不同深度的根土面积比与生长时间关系

根据根土面积比与不同生长时间的关系，拟合建立不同生长时间 t 与根土面积比的回归方程见公式（4.3）。

$$RAR(t) = \begin{cases} \upsilon_1 + \upsilon_2 \times \upsilon_3^t & \text{全风化层} \\ \upsilon_4 + \upsilon_5 t + \upsilon_6 t^2 + \upsilon_7 t^3 & \text{强风化层} \end{cases} \tag{4.3}$$

式中：υ_1、υ_2、υ_3、υ_4、υ_5、υ_6 和 υ_7 为根土面积比拟合系数。

深度为 10 cm 的全风化层的根-土试样在植物不同生长时间的剪应力与剪位移关系曲线如图 4.23 所示。

由图 4.23 可知：试样剪应力随剪位移的增加而增加，剪应力与剪位移关系曲线显示出非线性关系。随着剪应力的增加，试样应变软化增量迅速增加。植物生长时间越长，剪切强度越大，这主要是因为草灌植被根系生长增加了自身抗拉强度且根土面积比也越来越大，需要较大的剪切力才能剪断根系；同时植被根系与土颗粒之间存在较大的摩擦力。

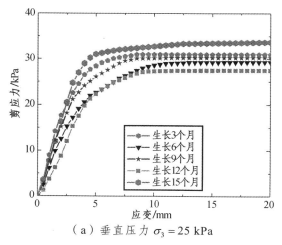

（a）垂直压力 $\sigma_3 = 25$ kPa

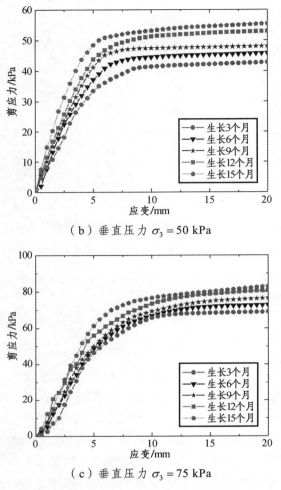

（b）垂直压力 $\sigma_3 = 50$ kPa

（c）垂直压力 $\sigma_3 = 75$ kPa

图 4.23　剪应力-剪位移关系曲线

植物不同生长时间对应的根-土抗剪强度指标如图 4.24 所示。

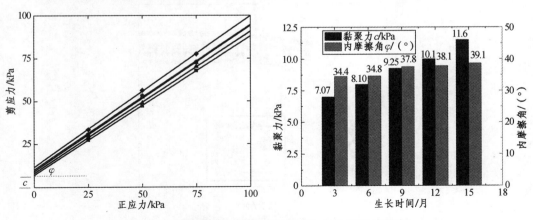

图 4.24　植物不同生长时间对应根-土抗剪强度指标

由图 4.24（a）可见：随着生长期的增大，截距（黏聚力）增大，斜率（内摩擦角）变化较小。由图 4.24（b）可知：黏聚力的变化范围为 7.07～11.6 kPa，增幅达 63.3%；内摩擦角变化范围为 34.4°～39.1°，增幅为 13.6%。为了分析不同土层深度植物根-土的抗剪强度与生长时间的关系，绘制不同土层深度的植物根-土抗剪强度指标曲线如图 4.25 所示。

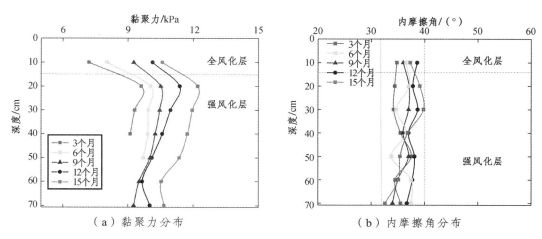

（a）黏聚力分布　　　　　　　　（b）内摩擦角分布

图 4.25　不同深度根-土复合体抗剪强度指标与生长时间的关系

由图 4.25（a）可知：根-土复合体的黏聚力明显大于底部无根-土复合体的，根土黏聚力随着土体深度的增加呈先减少后增大的趋势，根-土黏聚力在同一土层范围内总体上呈现减小的趋势。在生长 12 个月以上时，深度为 70 cm 土层的黏聚力大于 60 cm 土层，这是由于植物根系已经生长到模型底部，阻止根系向下生长时出现了向上逆生长的情况。由图 4.25（b）可知：黏聚力随着生长时间的增加而增大，强风化层 12 个月的根-土平均黏聚力最大（11.43 kPa），生长 3 个月的根-土平均黏聚力最小（9.51 kPa）。相对生长 3 个月植物的根-土复合体平均黏聚力，生长 6 个月的根-土平均黏聚力（10.28 kPa）提高到 1.08 倍，生长 12 个月的根-土平均黏聚力提高到 1.20 倍。这说明根系生长可增加基材黏聚力。根-土复合体在不同深度下，内摩擦角变化不大，变化范围为 33.1°～39.8°，说明植物根系对土体的内摩擦角影响较小。

4.4　本章小结

本章基于实际的煤系土边坡研究，设计了研究降雨作用下两个时期的 GFRP 锚网植被护坡技术的模型试验，探讨了 GFRP 锚网植被护坡在降雨条件下的受力与变形规律，并研究了根系强度随时间的变化规律。主要得出以下结论：

（1）植物根系存在可以减少边坡的水平位移，中期生态坡比早期裸坡的水平位移减小约 49.07%，故在进行浅层边坡防护时，需要考虑边坡植被根系的固土作用。

（2）降雨作用下锚杆的应变随着埋深的增加而减少，锚杆自由段的应变明显大于锚固段，土压力随着降雨强度的增加而增大，最大土压力位于滑面以上 25 mm 处。

（3）中期生态坡的锚杆最大应变为早期裸坡锚杆的 72.91%，峰值轴力仅为早期裸坡锚杆的 63.15%，峰值剪应力仅为早期裸坡锚杆的 72.12%。故植被根系可以减少锚杆的应力应变，充分发挥植物根系和锚杆的受力特性，降低因锚杆的退化产生的边坡病害发生概率。这说明中期生态坡的防护效果优于早期裸坡。

（4）植物根系降低了边坡含水率的增加速率和吸力降低速率，改变了煤系土的水土特征曲线，增加了边坡土体的进气压力值，提高了边坡浅层土体的持水性和稳定性。

（5）植物根土面积比随着生长时间的增加而增大，全风化层和强风化层的根土面积比与生长时间存在指数函数和三阶多项式关系；根-土复合体的黏聚力总体随着生长时间的增加而增大；根抗拉强度随着植物生长时间的增加而增大。故根系的强度和根对边坡的加筋作用会随着生长时间的增加越来越高，边坡越来越稳定。

第 5 章　GFRP 锚网植被护坡特性和效果分析

GFRP 锚网植被护坡技术主要为植被防护和 GFRP 锚网支护的组合结构。由第 4 章可知，不同时期 GFRP 锚网植被护坡技术在降雨时受力和变形特征不同。发挥 GFRP 锚网支护和植物根系的组合效应是关键且其研究具有重大的意义。为了全面了解 GFRP 锚网支护和植物根系的协同作用，本章进行 GFRP 锚网植被护坡数值建模，研究 GFRP 锚网植被护坡效果对其主要影响因素的敏感程度，并进行 GFRP 锚网植被防护技术可靠度设计，探讨在降雨入渗作用下 GFRP 锚网植被边坡的受力和变形特征。

5.1　GFRP 锚网植被护坡敏感性分析

影响 GFRP 锚网植被边坡稳定性的因素具有变化性和不确定性，定值法没有考虑这些因素变化的影响。本节基于有限元强度折减法对影响 GFRP 锚网植被边坡稳定性的因素进行敏感性分析。

5.1.1　有限元强度折减法原理和敏感性分析

1. 强度折减法

根据有限元强度折减法求得的安全系数 F_S 可定义为：

$$F_S = \frac{c_{\text{ini}}}{c} \tag{5.1}$$

$$F_S = \frac{\tan\varphi_{\text{ini}}}{\tan\varphi} \tag{5.2}$$

式中：c_{ini} 和 c 分别为折减前、后黏聚力（kPa）；

φ_{ini} 和 φ 分别为折减前、后内摩擦角（°）。

2. 敏感性分析

敏感性分析是分析不确定因素对稳定性影响程度的一种常见方法。影响边坡稳定的敏感性分析可视为求取边坡在多种影响因素下的安全系数函数，即：

$$F_S = f(x_1, x_2, \cdots, x_n)$$

（5.3）

式（5.3）可使用泰勒公式展开得到单因素的安全系数变化式：

$$\Delta F_{Si} \approx \frac{\partial F_S}{\partial x_i} \Delta x_i$$

（5.4）

式中：$\dfrac{\partial F_S}{\partial x_i}$ 为 F_S 对 x_i 的偏导数；

Δx_i 为 x_i 的变化量。

单因素的敏感度为：

$$S_S = \frac{\dfrac{\Delta F_{Si}}{F_S}}{\dfrac{\Delta x_i}{x_i}} = \frac{\dfrac{\partial F_S}{\partial x_i} \Delta x_i}{F_S \cdot \dfrac{\Delta x_i}{x_i}} = \frac{\partial F_S}{\partial x_i} \cdot \frac{x_i}{F_S}$$

（5.5）

式中：S_S 为敏感度。

5.1.2　模型的建立和参数

1. 模型的建立

为了研究各影响因素对 GFRP 锚网植被边坡的影响，建立简化后的数值计算模型，如图 5.1 所示。

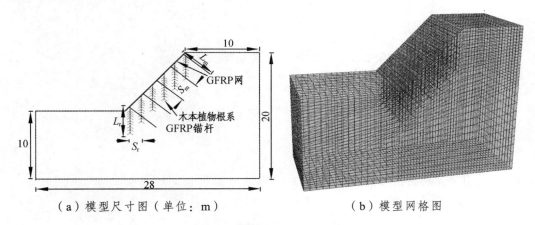

（a）模型尺寸图（单位：m）　　　　　　（b）模型网格图

图 5.1　模型尺寸和网格图

由图 5.1（a）可知，模型长 28 m、宽 10 m、高 20 m，边坡坡高为 10 m。边坡模型前后左右面边界各自施加水平向的位移约束，底面边界施加水平和竖向约束。由图 5.1（b）可知：边坡模型划分为 13 875 个单元和 15 936 个节点；GFRP 网模型网格划分遵循"细"的疏密程度,其划分为1424个单元和1536个节点;GFRP锚杆需要考虑其长度和间距变化,GFRP锚杆模型网格划分尺寸为0.01 m。根据前面有关多花木兰根系的生长特点,数值分析时把每个植物根系全简化成直线段,垂直主根和斜向侧根均按等径处理,侧根的直径简化成主根直径的一半,垂直主根和斜向侧根之间的角度为45°,侧根间距取0.1 m,对称布置,最上面的侧根与边坡距离0.1 m,根系需要考虑其深度和间距变化,其模型网格划分尺寸为0.01 m。全风化煤系土坡体采用Mohr-Coulomb模型,GFRP网采用塑性格栅模型,GFRP锚杆和根系均采用弹性模型。GFRP锚杆和GFRP网的连接采用点-面接触,GFRP锚杆和根系采用绑定法内置于边坡土体中。

2. GFRP锚网和木本植物根系的物理力学参数

GFRP网简化为直径5 mm和方格宽30 mm的T3D2桁架单元,最大轴向拉力为90 kN/m;锚杆简化为直径22 mm的B31梁单元;木本植物根系简化为直径20 mm的T3D2桁架单元。GFRP锚网和木本植物根系参数见表5.1。

表5.1　支护结构参数

材料	密度/($g \cdot cm^{-3}$)	弹性模量/kPa	泊松比
GFRP网	1.82	2.00×10^5	0.30
GFRP锚杆	8.00	2.00×10^8	0.28
根系	1.64	2.19×10^5	0.25

3. 工况的设置

采用GFRP锚网植被护坡技术防护边坡时,坡体强度指标(黏聚力、内摩擦角等)、边坡坡度、GFRP锚网的设计参数、植被条件(种植方法、植被选型、基材配比)都是影响GFRP锚网植被防护效果的因素。虽然影响GFRP锚网植被护坡效果的因素较多,但是基材的配比可根据前面的基材试验确定,种植方法和植被选型可根据当地的气候条件、植被类型和施工条件确定,GFRP网的设计参数可以通过边坡现场煤系土的参数计算确定,这里不用设置这些因素。除以上因素外,黏聚力c、内摩擦角φ、边坡坡度α、锚杆间距S_m和长度L_m、木本植物根系间距S_r和深度L_r对GFRP锚网植被护坡稳定性产生影响。

降雨和干湿循环会导致浅层坡体的抗剪强度指标下降,坡体黏聚力c、内摩擦角φ取值范围参照第2章研究内容分别为$10 \sim 35$ kPa、$25° \sim 35°$。目前,生态护坡在实际工程应用时对坡度要求较随意,在坡比(坡度)为$1:2$($26.57°$)$\sim 1:0.3$($73°$)的边坡上都有应用,边坡的坡度α取值范围为$30° \sim 70°$。锚杆在浅层边坡中一般垂直于坡面进行布设,锚杆间距S_m不宜过密,一般为$2 \sim 5$ m;锚杆长度L_m根据边坡的加固深度确定，本模型的锚杆长度 L_m 取值范围为 1.5～7.5 m。根据木本植物生长特点，主根深度 L_r 可达 3～5 m，本模型的取值范围为 0～4.5 m，木本植物间距 S_r 取 0.5～2.5 m。参数变化见表 5.2。

表 5.2 影响因素取值

类别	因素	取值范围
土体	土体黏聚力 c/kPa	10、15、20、25、30、35
	土体内摩擦角 φ /（°）	25、27、29、31、33、35
	边坡坡度 α /（°）	30、40、50、60、70
锚杆	间距 S_m /m	2.0、2.5、3.0、3.5、4.0、4.5、5.0
	长度 L_m /m	1.5、3.0、4.5、6.0、7.5
木本植物根系	深度 L_r /m	0.5、1.5、2.5、3.5、4.5
	间距 S_r /m	0.5、1.0、1.5、2.0、2.5、3.0

初始材料参数：黏聚力 c 取 30 kPa，内摩擦角 φ 取 31°，泊松比为 0.2，坡度 α 取 40°；GFRP 锚网植被护坡技术的锚杆间距 S_m 和长度 L_m 分别取 3 m 和 4.5 m，木本根系的深度 L_r 和间距 S_r 分别取 2.5 m 和 2 m。

5.1.3　GFRP 锚网植被护坡影响因素分析

1. 坡体抗剪强度指标

为了研究坡体黏聚力 c 和内摩擦角 φ 对 GFRP 锚网植被边坡安全系数的影响，选取黏聚力 c=10 kPa、15 kPa、20 kPa、25 kPa、30 kPa、35 kPa，选取内摩擦角 φ=25°、27°、29°、31°、33°、35°，其他的影响因素取值不变化。不同抗剪强度指标的坡体安全系数变化如图 5.2 所示。

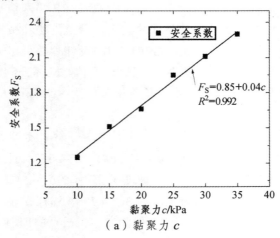

（a）黏聚力 c

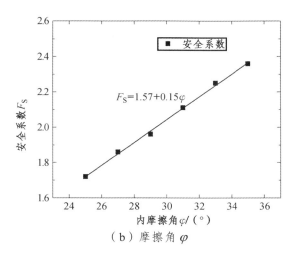

（b）摩擦角 φ

图 5.2　不同强度指标的边坡安全系数

由图 5.2（a）可知：边坡的安全系数大于 1.25，安全系数与土体黏聚力 c 呈近似线性关系。随着黏聚力 c 的增大，安全系数增大。黏聚力 c 从 35 kPa 降低到 10 kPa（降低约 71%），安全系数降低约 45.7%，说明黏聚力 c 对边坡稳定性有较大影响。由图 5.2（b）可知：边坡的安全系数大于 1.72，安全系数与内摩擦角 φ 也呈近似线性关系，安全系数随内摩擦角 φ 的增加而增大。内摩擦角 φ 从 35° 降低到 25°（降低约 28.6%），安全系数降低约 27.1%，说明内摩擦角 φ 降低对边坡稳定性有一定影响。

2. 边坡坡度

为了研究坡度 α 对 GFRP 锚网植被边坡安全系数的影响，选取坡度 α =30°、40°、50°、60°、70°，其他的影响因素取值不变化。不同坡度的边坡安全系数变化如图 5.3 所示。

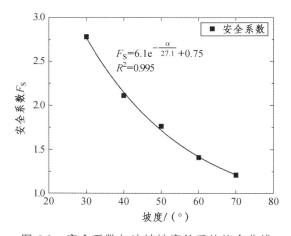

图 5.3　安全系数与边坡坡度关系的拟合曲线

由图 5.3 可知：随着坡度 α 的增大，安全系数快速降低，两者呈近似指数函数关系。坡度 α 从 30°增加到 70°，安全系数降低约 129%，说明边坡坡度 α 对 GFRP 锚网植被边坡的稳定性有较大影响。坡度大于 60°时，安全系数小于 1.25，按照相关规定可得边坡处于不安全状态，所以建议 GFRP 锚网植被边坡的坡度不大于 60°。

3. GFRP 锚杆设计参数影响

为了研究 GFRP 锚杆间距 S_m 和长度 L_m 对 GFRP 锚网植被边坡安全系数的影响，分别选取 GFRP 锚杆间距 S_m=2.0 m、2.5 m、3.0 m、3.5 m、4.0 m、4.5 m、5.0 m，GFRP 锚杆长度 L_m=1.5 m、3.0 m、4.5 m、6.0 m、7.5 m，其他的影响因素取值不变化。不同 GFRP 锚杆间距 S_m 和长度 L_m 的边坡安全系数变化如图 5.4 所示。

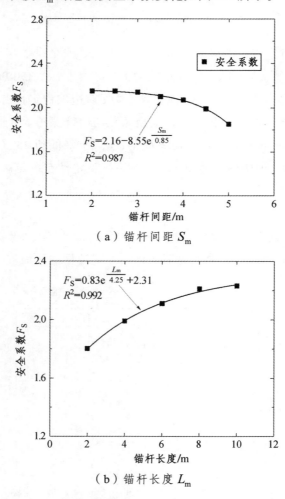

（a）锚杆间距 S_m

（b）锚杆长度 L_m

图 5.4　不同 GFRP 锚杆设计参数的边坡安全系数

由图 5.4（a）可知：边坡的安全系数大于 1.85，安全系数随 GFRP 锚杆间距 S_m 的增大而缓慢减小，GFRP 锚杆间距 S_m 从 2 m 增加到 5 m，安全系数降低约 17%。这说明 GFRP 锚杆间距 S_m 的增加降低了边坡稳定性。由图 5.4（b）可知：边坡安全系数大于 1.8，安全系数与 GFRP 锚杆长度 L_m 呈近似指数函数关系；安全系数随 GFRP 锚杆长度 L_m 的增大而增大，GFRP 锚杆长度 L_m 从 1.5 m 增加到 7.5 m，安全系数增加约 19%。这说明 GFRP 锚杆长度 L_m 的增大能增强边坡稳定性。

4. 植物根系参数

为了研究木本植物间距 S_r 和根系深度 L_r 对 GFRP 锚网植被护坡安全性的影响，取木本植物根系间距 S_r =0.5 m、1 m、1.5 m、2 m、2.5 m、3 m，木本植物根系深度 L_r =0.5 m、1.5 m、2.5 m、3.5 m、4.5 m，其他的取值不变化。边坡安全系数随木本植物间距 S_r 和根系深度 L_r 的变化如图 5.5 所示。

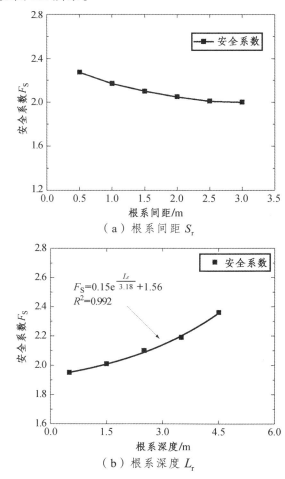

（a）根系间距 S_r

（b）根系深度 L_r

图 5.5　不同根系参数的边坡安全系数

由图 5.5（a）可知：边坡的安全系数大于 2.0，安全系数随木本植物间距 S_r 的增大而缓慢降低，木本植物间距 S_r 从 0.5 m 增加到 3 m，安全系数降低约 6%。这说明木本植物间距 S_r 的增大对边坡稳定的影响不大。由图 5.5（b）可知：边坡安全系数大于 1.8，安全系数与根系深度 L_r 呈近似指数函数关系。随着根系深度 L_r 的增大，安全系数增大。根系深度 L_r 从 0.5 m 增加到 4.5 m，安全系数增加约 20%，说明根系深度 L_r 对边坡稳定性的影响较大。

5.1.4　GFRP 锚网植被护坡影响因素敏感性分析

为了研究 5.1.3 节各影响因素对 GFRP 锚网植被边坡的影响程度，安全系数对各影响因素的敏感性分析结果如图 5.6 所示。

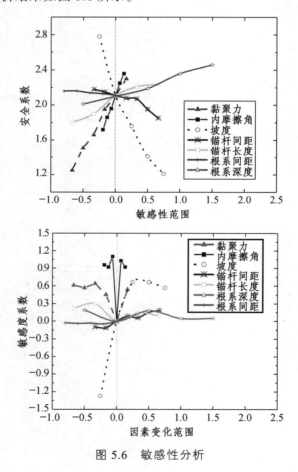

图 5.6　敏感性分析

由图 5.6 可知：安全系数与黏聚力、内摩擦角、GFRP 锚杆长度和根系深度呈正相关关系，安全系数与边坡坡度、GFRP 锚杆间距和木本植物间距呈负相关关系；安全系数对植物间距的敏感性最弱，对边坡坡度的敏感性最强。由第 2 章的研究可知，降雨和干湿循环会导致黏聚力下降，从而降低边坡的安全系数。边坡坡度对安全系数的最大敏感度系数超过 1.2，坡体内摩擦角对安全系数的敏感度系数为 0.9 ~ 1.2，坡体黏聚力对安全系数的敏感度系数为 0.45 ~ 0.6，GFRP 锚杆长度对安全系数的敏感度系数最大值为 0.32，根系深度对安全系数的敏感度系数最大值为 0.26。这说明边坡坡度对安全系数的敏感度系数大于所有影响因素，其对边坡的稳定性影响最大；坡体抗剪强度指标对安全系数的最大敏感度系数大于木本植物根系和 GFRP 锚杆设计因素。

对 7 个主要因素的安全系数计算分析表明黏聚力、内摩擦角、坡度、锚杆长度、根系深度对边坡稳定性的敏感性较强，GFRP 锚杆和根系的间距对边坡稳定性敏感性较弱。影响 GFRP 锚网植被边坡稳定性因素的敏感性大小顺序依次为边坡坡度、内摩擦角、黏聚力、锚杆长度、根系深度、锚杆间距、植物间距。

5.2　GFRP 锚网植被护坡可靠度设计

自从 20 世纪 70 年代可靠度分析首次用于边坡工程以来，其理论计算和设计方法得到了快速发展。可靠度分析是指在考虑边坡稳定影响因素不确定性的基础上采用可靠概率（可靠度指标或失效概率）代替安全系数进行边坡稳定性分析的方法，常采用极限平衡法进行边坡可靠度分析。关于边坡可靠度分析，现主要有响应面、蒙特卡罗模拟、一阶二阶矩、模糊随机、渐近积分、人工神经网络等方法。

本节将采用可靠度分析响应面法对影响 GFRP 锚网植被护坡技术防护边坡的主要影响因素进行设计。

5.2.1　边坡可靠度的响应面法

1. 可靠度理论

土体结构、变形、强度、水压力、荷载等影响因素超过一定值时，边坡将不能满足稳定性要求，这一定值称为边坡的极限状态。这些因素构成的边坡极限状态的方程式为：

$$Z = g(X) = g(X_1, X_2, X_3, \cdots, X_n) = 0 \qquad (5.6)$$

式中：X_1、X_2、X_3、$\cdots$、X_n 为影响边坡稳定性因素。

$Z = g(X)$ 反映了边坡的稳定情况，分为 3 个状态，即：可靠状态，$Z > 0$；极限状态，$Z = 0$；失效状态，$Z < 0$。

一般采用可靠度指标来定量表示可靠性。可靠度指标是指在规定时间内边坡保持稳定的可靠量值，用符号 P_r 表示。失效概率是指在规定时间内边坡发生失稳的概率，

用符号 P_{kf} 表示。对于某一边坡的可靠度，可由不确定因素影响的边坡抗力密度函数 $P_{kR}(R)$ 和下滑力密度函数 $P_{kS}(S)$ 表示：

$$P_{kf} = P(R \leqslant S) = P\left(\frac{R}{S} \leqslant 1\right) \tag{5.7}$$

对于边坡可靠度分析而言，一般随机变量 X 选取坡体强度指标。通过强度折减法求解边坡安全系数 $F(X)$，根据两者建立边坡的功能函数 $g(X)$。边坡的功能函数如下：

$$g(X) = F(X) - 1 \tag{5.8}$$

边坡可能存在 3 种状态：

临界状态：$g(X) = 0$；

可靠状态：$g(X) > 0$；

失效状态：$g(X) < 0$。

可靠度指标 β_k 可由一阶可靠度分析原理求得，式（5.9）公式最小化时对应的 Y_0 即为目标点。

$$\beta_k = \min_{g(X)=0} \sqrt{YR^{-1}Y^{\mathrm{T}}} \tag{5.9}$$

式中：Y 为随机变量 X 变换到标准正态分布空间的变量；

R 为随机变量的相关矩阵。

边坡最低安全系数应该根据工程重要程度和相关规范确定，见表 5.3。

表 5.3 规范中的边坡安全系数

安全级别	一级	二级	三级
安全系数	1.35	1.30	1.25

参考公路工程和铁路工程的可靠度最新规范得出不同安全级别的工程目标可靠指标[177-178]，见表 5.4。

表 5.4 规范中可靠度指标

安全级别	一级	二级	三级
公路工程	4.7	4.2	3.7
铁路工程	4.2	3.7	3.2

由于煤系土浅层边坡滑移的危害性小于深层滑坡，安全等级低于公路与铁路领域安全等级要求；因此，煤系土边坡目标可靠指标可以公路工程可靠度指标与铁路工程可靠度指标平均值为基础，降低 2 个安全等级为目标指标，见表 5.5。

表 5.5 煤系土边坡可靠度指标建议值

安全级别	一级	二级	三级
可靠指标	3.45	2.95	2.45

2. 响应面法

响应面法是对于需要花费大量时间或隐含确定的真实功能函数或极限状态面的情况，采用一个容易处理的函数或曲面来代替的方法。该方法为复杂的岩土结构可靠度分析提供了一种简单的可靠度建模和计算思路。

采用响应面法，用显式二项式函数近似代替原隐式功能函数（5.10）。令显式二项式函数 $g(Y)$ 为：

$$Z = g(Y) \simeq a + \sum_{i=1}^{n} b_i Y_i + \sum_{i=1}^{n} c_i Y_i^2 + \sum_{1 \le i \le j \le n} d_{ij} Y_i Y_j \tag{5.10}$$

式中： n 为随机变量 X 的数量；

a、b_i、c_i、d_{ij} 为特定系数。

总共有 $2n+1$ 个特定系数，求解这些系数需要 $2n+1$ 个取样点，令取样中点为 $y_c = \{y_{c1}, y_{c2}, \cdots, y_{cn}\}$，其他点为 $\{y_{c1} \pm m, y_{c2}, \cdots, y_{cn}\}$，$\{y_{c1}, y_{c2} \pm m, \cdots, y_{cn}\}$，$\cdots$，$\{y_{c1}, y_{c2}, \cdots, y_{cn} \pm m\}$，$m$ 为取样点的步长，取 $1 \sim 3$。将上述 $2n+1$ 个取样点变换到原空间，再采用强度折减法求得安全系数。求出来的安全系数代入式（5.8）求解判断边坡可靠状态。再通过式（5.9）进行可靠度分析，得到可靠度指标 β 和目标点 Y_0 流程如图 5.7 所示。

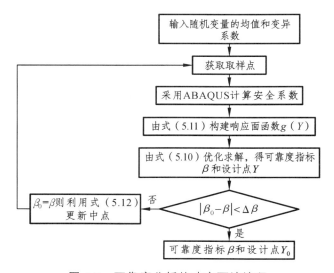

图 5.7 可靠度分析的响应面法流程

131

为了可靠度分析结果准确，在目标点附近采用二次响应面法，用式（5.11）的插值法得到更新取样点。

$$y_c = \mu_y - G(\mu_y)\frac{\mu_y - y_d}{G(\mu_y) - G(y_d)} \tag{5.11}$$

式中：μ_y 为初次响应时标准空间随机变量均值点。

3. 可靠度设计步骤

近些年来，基于可靠度理论知识的可靠度设计在欧洲逐步应用开来。基于可靠度理论的设计方法可以在不确定性问题上扮演很重要的补充角色。黄小城[179]采用可靠度设计理论主要过程为先通过目标可靠指标求解相应的变量取值，然后通过改变输入的随机变量取值来判断之前的取值是否满足要求。对影响 GFRP 锚网植被护坡的初始因素不确定情况，可以考虑采用可靠度设计来进行边坡坡度和锚杆长度的补充设计，为 GFRP 锚网植被护坡提供可靠依据。可靠度设计步骤如下：

（1）在影响因素（如黏聚力和内摩擦角等）取均值的情况下，由数值分析得到边坡稳定的临界边坡坡度和滑动面深度。

（2）将最可能边坡坡度或锚杆长度植入模型中，此后影响因素开始取变化值（均值和标准差）来计算边坡安全系数，作为输出响应值。

（3）设定边坡为一级，安全系数为 1.35，则构建功能函数为 $G(Y) = G(y) - F_s = G(y) - 1.35$。

（4）根据岩土随机参数确定随机变量和样本点组合，采用基于强度折减法和响应面法计算边坡可靠度和失效概率。该失效概率可以作为边坡安全稳定性评价的补充参考。

（5）根据表 5.6 判断边坡设计是否达到"期望功能水平"。若达到"一般"以上的期望功能水平，则设计的安全系数符合要求；如果小于"一般"，则需重新调整锚杆的参数。期望功能水平分类可根据可靠度与失效概率确定，见表 5.6。

表 5.6　期望功能水平分类

期望功能水平	可靠度	失效概率
高质量	5.0	2.87×10^{-7}
好	4.0	3.17×10^{-5}
一般	3.0	0.0013
较差	2.5	0.0062
劣质	2.0	0.0228
灾难性	1.5	0.0668

5.2.2 结果分析

1. 模型的验证

根据对 K207 边坡的全风化煤系土三轴试验的强度指标整理，全风化煤系土层服从黏聚力 c 均值为 10.7 kPa、方差为 0.3 kPa 的正态分布，内摩擦角 φ 服从均值为 25.3°、方差为 0.2° 的正态分布。为了验证模型的合理性，GFRP 锚网植被护坡结构的锚杆间距 S_m 和长度 L_m 分别取 3 m 和 4.5 m，草灌根系的深度 L_r 和间距 S_r 分别取 2.5 m 和 2 m，泊松比为 0.2，坡度 α 取 38.8°。

当设置步长 $m = 1$ 时，无防护边坡和 GFRP 锚网植被护坡可靠度分析见表 5.7 和表 5.8。

表 5.7 无防护边坡可靠度分析

步长	迭代步	特征点	原空间		正态空间		β
			Y_c	Y_φ	y_c	y_φ	
$m = 1$	1	中点	9.655	24.612	0.000	0.000	0.821
		目标点	8.348	22.543	−0.526	−0.637	
	2	中点	8.184	22.512	−0.558	−0.659	0.820
		目标点	8.254	22.759	−0.528	0.608	

表 5.8 GFRP 锚网植被防护边坡可靠度分析

步长	迭代步	特征点	原空间		正态空间		β
			Y_c	Y_φ	y_c	y_φ	
$m = 1$	1	中点	9.655	24.612	0.000	0.000	4.140
		目标点	5.154	18.567	−2.432	−1.956	
	2	中点	5.238	18.887	−2.356	−1.995	4.071
		目标点	5.187	19.142	−2.457	−1.663	
	3	中点	5.189	19.147	−2.258	−1.662	4.047
		目标点	5.178	19.154	−2.264	−1.651	

由表 5.7 可知，计算通过 2 次迭代收敛，表明该方法计算的效率很高。无防护边坡可靠度指标为 0.820，失效概率为 20.61%，说明该无防护的边坡有较高的失效概率。由表 5.8 可知，计算通过 3 次迭代收敛，生态边坡可靠度指标为 4.047，失效概率为 2.6×10^{-5}。为了验证该模型的正确性，使用蒙特卡罗法对生态边坡进行可靠度计算，得

到的可靠度指标为 4.078，两种计算方法结果相近。无防护边坡的可靠度指标仅为生态边坡的 20.11%。由图 5.8 可以看出：无防护边坡滑动面在浅层且已经贯通，可能发生浅层滑移；而生态边坡塑性区远离浅层，且深层滑动面没有贯通。这表明生态边坡的可靠度比无防护边坡大，GFRP 锚网植被护坡可以提高边坡稳定的可靠度，降低边坡浅层滑移的发生概率。

图 5.8　无防护边坡和生态边坡的塑性区域

2. 可靠度计算结果

边坡坡度变化值选取 50°、60°、70°，锚杆长度变化值取 2 m、4 m、6 m，根系深度取 2 m、2.5 m、3 m，可靠度计算结果如图 5.9 所示。

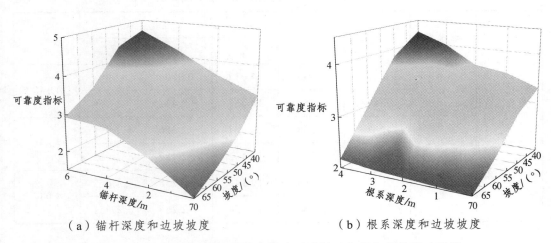

（a）锚杆深度和边坡坡度　　　　　　（b）根系深度和边坡坡度

图 5.9　锚杆深度、根系深度和坡度对边坡可靠度指标的影响规律

由图 5.9（a）可知，不同坡度和锚杆长度的可靠度指标在 1.73～4.53 范围，可靠度随着锚杆长度的增加而逐渐增大，随着坡度的增大而减小；由图 5.9（b）可知不同坡度和锚杆长度的可靠度指标在 2.13～4.55 范围，可靠度随着根系深度的增加而增大，

随着坡度的增大而减小，坡度为 70°时，根系深度的增加对边坡可靠度指标的影响较小。为了研究 GFRP 锚网植被护坡早期可靠度，对边坡坡度变化值取 50°、60°、70°，锚杆长度变化值取 2 m、4 m、6 m，其可靠度计算结果见表 5.9。

表 5.9　GFRP 锚网植被护坡早期计算结果

防护状态	坡度/（°）	失效概率	期望功能水平
无防护边坡	50°	0.0129	低劣
	60°	0.0401	灾难性
	70°	0.0853	灾难性
锚杆长度 2 m	50°	0.0100	一般
	60°	0.0037	较差
	70°	0.0162	低劣
锚杆长度 4 m	50°	8.84×10^{-5}	一般
	60°	0.0010	一般
	70°	0.0034	较差
锚杆长度 6 m	50°	1.07×10^{-5}	好
	60°	4.50×10^{-4}	一般
	70°	0.0025	较差

由表 5.9 可知：无防护的 3 个坡度边坡期望水平为"低劣"以下，即处于不稳定状态；锚杆长度为 2 m 和坡度为 50°以内的期望水平为"一般"；锚杆间距为 4 m 和坡度为 60°以内的期望水平为"一般"以上；锚杆间距为 6 m 和坡度为 60°以内的期望水平为"一般"以上。

总结可知：锚固长度在为 4 m 以上和坡度在 60°以内的边坡期望功能水平为"一般"～"好"，GFRP 锚网植被护坡技术的边坡坡度设计应控制在 60°以内，锚杆长度应在 4 m 以上。

5.3　降雨对 GFRP 锚网植被护坡技术的作用效果研究

发挥 GFRP 锚网和植被的不同时期护坡效果是 GFRP 锚网植被护坡技术的关键。本节研究在降雨情况下早期防护（GFRP 锚网结构）、中期防护（GFRP 锚网+木本根系结构）和后期防护（根系结构）3 个工况的 GFRP 锚网植被护坡技术防护 K207 边坡的受力和变形规律。

5.3.1 模型建立

1. 模型尺寸和材料参数

模型边坡的 3 个工况尺寸示意图如图 5.10 所示。由图 5.10（a）可知，三维模型大小为 28 m × 10 m × 20 m（长 × 宽 × 高），边坡坡高为 10 m，坡比取 1∶1.25。模型前后左右面边界各自施加水平向的位移约束，底面边界施加水平和竖向约束。由图 5.10（d）可知，边坡模型划分为 13875 个单元、15936 个节点。

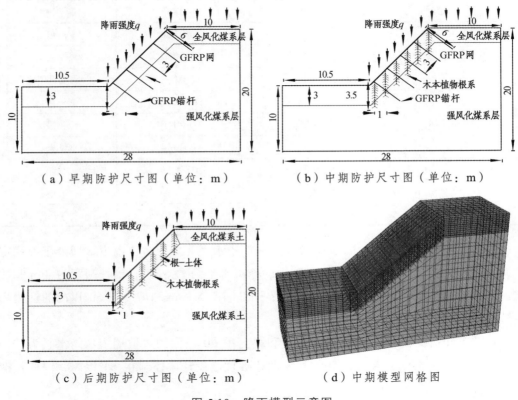

（a）早期防护尺寸图（单位：m）　　　　（b）中期防护尺寸图（单位：m）

（c）后期防护尺寸图（单位：m）　　　　（d）中期模型网格图

图 5.10　降雨模型示意图

2. GFRP 锚网和木本植物根系的物理力学参数

全风化煤系土层和强风化煤系层土体采用 Mohr-Coulomb 模型，其物理力学参数见 2.4 节。GFRP 网采用塑性格栅模型，GFRP 网简化为 5 mm 直径和 30 mm 方格宽的 T3D2 桁架单元，最大轴向拉力为 90 kN/m。GFRP 锚杆和根系均采用弹性模型，锚杆简化为直径 22 mm 的 B31 梁单元。GFRP 锚网植被护坡结构的锚杆长度和间距 L_m 和 S_m 分别取 6.0 m 和 3.0 m。设定中期、后期防护木本主根的深度 L_r 分别为 3.5 m、4.0 m，直径为 50 mm、100 mm，间距 S_r 均为 1.0 m，侧根长 0.1 m。后期防护根-土部分的黏聚力和内摩擦角按照前述章节的研究分别取 38 kPa、37°。GFRP 锚杆和 GFRP 网的连接采用耦合接触，锚杆和根系采用内置绑定耦合在边坡土体里面。GFRP 锚网和木本植物根系的其他物理力学参数见表 5.1。

5.3.2　工况设置

模型在降雨工况下的数值分析过程分为两个分析步：第一分析步是在重力作用下使边坡完成地应力平衡；第二分析步是施加降雨强度 60 mm/h（大暴雨），降雨历时均设置为 18 h。

5.3.3　结果分析

通过有限元强度折减法，求得模型边坡在不同降雨历时时的安全系数，如图 5.11 所示。

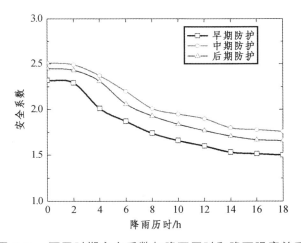

图 5.11　不同时期安全系数与降雨历时和降雨强度关系

由图 5.11 可知，3 个时期防护边坡的安全系数随降雨历时增大呈先基本保持不变，后逐渐减小直至稳定的过程。在降雨作用下，GFRP 锚网植被护坡技术防护边坡的安全系数逐渐降低，与无防护的安全系数初期快速降低明显不同。在降雨历时恒定时，该技术早期防护边坡的安全系数最低，到防护中期时边坡安全系数最高，到防护后期时边坡安全系数降低。这说明 GFRP 锚网植被护坡技术可以延缓降雨对边坡安全系数的降低，特别是在降雨初期阶段。在降雨中期时，由于坡体浅层的含水率在降雨后快速增大，坡体重量增大和抗剪强度减小。在降雨 14 h 后，边坡土体达到饱和状态，降雨入渗量减小，边坡趋于稳定。该技术的中期防护效果最佳。3 个时期防护边坡的安全系数在降雨历时 18 h 时都在 1.49 左右，说明该技术的不同时效都为安全，且具有一定的安全储备。

不同时期防护边坡的位移云图如图 5.12 所示。由图 5.12（a）~（c）可知：大暴雨时，早期防护边坡最大水平位移量为 11.67 mm，中期防护边坡最大水平位移量为 9.72 mm，后期防护边坡最大水平位移量为 10.42 mm，最大水平位移位于坡顶位置。由图 5.12(d)~(f)可知：大暴雨时，边坡模型最大竖向位移量在早期防护时为 9.08 mm，中期防护时为 4.09 mm，后期防护时为 5.43 mm，最大竖向位移主要位于坡顶位置。通过以上分析可知，3 个时期防护的边坡水平位移和竖向位移都较小，说明该边坡模型在不同时期防护时边坡水平位移和竖向位移能得到有效控制。

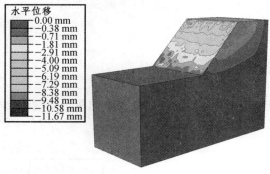

（a）早期防护边坡水平位移云图

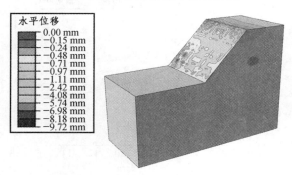

（b）中期防护边坡水平位移云图

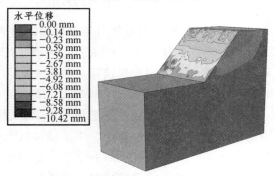

（c）后期防护边坡水平位移云图

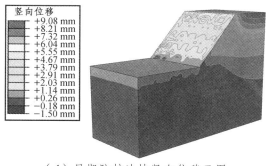

（d）早期防护边坡竖向位移云图

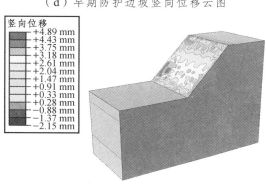

（e）中期防护边坡竖向位移云图

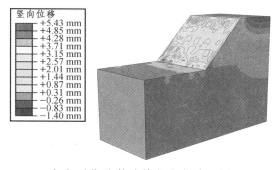

（f）后期防护边坡竖向位移云图

图 5.12　不同时期防护边坡的位移云图

GFRP 锚杆、主根系和 GFRP 网的应力云图分别如图 5.13、图 5.14 和图 5.15 所示。由图 5.13～图 5.15 可知：锚杆应力早期防护时为 22.45 MPa，中期防护时为 10.41 MPa；GFRP 网的最大应力在早期防护时为 10.51 MPa，中期防护时为 7.39 MPa。这说明锚杆和 GFRP 网结构发挥了其约束坡体位移的作用，中期防护时 GFRP 锚网的内力降低。主根最大应力在中期防护时为 9.76 MPa，后期防护时为 17.36 MPa，说明主根在后期发挥了较大的锚固作用。GFRP 锚网植被护坡技术在不同时期能有效抑制边坡的变形或滑坡，提高边坡的稳定性。

通过以上分析可知，模型边坡的安全系数在大暴雨时下降了 25%，采用 GFRP 锚网植被护坡技术的边坡水平位移得到了有效控制，GFRP 锚网和植物根系的应力增大，发挥了其抗滑作用，说明大暴雨时 GFRP 锚网植被护坡技术防护的边坡稳定性可以得到保障。

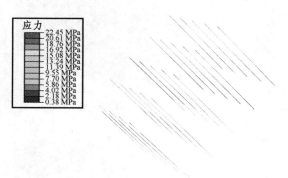

（a）早期防护

（b）中期防护

图 5.13　GFRP 锚杆的应力云图

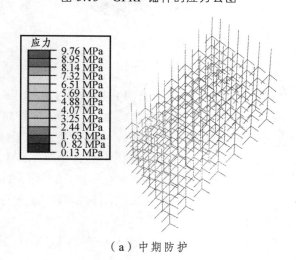

（a）中期防护

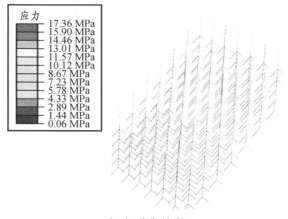

（b）后期防护

图 5.14　根系的应力云图

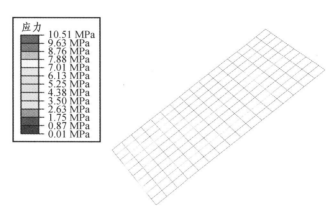

（a）早期防护

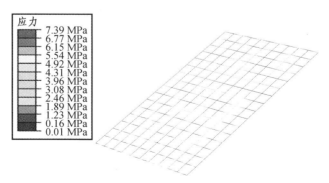

（b）中期防护

图 5.15　GFRP 网的应力云图

5.4 本章小结

本章采用数值模拟研究了影响 GFRP 锚网植被护坡的主要因素的敏感性及其可靠度，并分析了 GFRP 锚网植被护坡在降雨作用下的应力和位移变化，得到以下结论：

（1）通过对 7 个主要因素的安全系数计算分析，表明黏聚力、内摩擦角、坡度、锚杆长度、木本植物根系深度对边坡稳定性的影响较大，锚杆和木本植物的间距对边坡稳定性影响较小；影响 GFRP 锚网植被边坡稳定性因素的敏感性大小顺序依次为边坡坡度、内摩擦角、黏聚力、锚杆长度、木本植物根系深度、锚杆的间距、木本植物的间距。

（2）通过对 GFRP 锚网植被护坡的锚杆长度和边坡坡度的可靠度分析可知，无防护边坡的可靠度指标仅为 GFRP 锚网植被护坡可靠度的约 20.11%。GFRP 锚网植被护坡的坡度设计应控制在 60°以内，GFRP 锚杆长度设计应在 4 m 以上。

（3）经过数值分析可知：不同时期 GFRP 锚网植被防护边坡在降雨作用下安全系数呈初期基本不变，然后逐渐降低到稳定状态的过程，不同于无防护边坡的安全系数初期快速降低现象；不同时期 GFRP 锚网植被防护技术对边坡的稳定性提高明显，使其在大暴雨时处于稳定状态。

第6章　GFRP锚网植被护坡理论计算和设计方法

GFRP 锚网植被护坡技术作为一种新型的煤系土浅层边坡抗滑移技术，同时包含植物根系与 GFRP 锚网对煤系土浅层坡体的约束作用和锚固作用，植物根系向坡体深部生长和 GFRP 锚网的腐蚀老化都对浅层边坡稳定性产生重要影响，两者不同时效的加固机理较复杂，目前尚未进行系统的理论和设计研究。本章先分别建立 GFRP 锚网结构受力退化模型和植物根系固土增强模型，然后建立 GFRP 锚网和植物根系协同护坡模型并提出其设计方法，同时探讨 GFRP 锚网植被边坡的稳定性。

6.1　GFRP 锚网受力退化模型

6.1.1　GFRP 锚杆退化模型

在边坡工程中，锚杆的锚固作用主要为锚杆与坡体发生相对运动时产生荷载的传递。锚杆可按照相对运动和不同受力分为主动锚杆和被动锚杆：主动锚杆主要由人为施加预应力荷载，如预应力锚杆；被动锚杆的荷载由土体的位移激发产生，由自身的结构来承受土体产生的侧向剪力、弯矩或压力，常用于岩土工程的浅层锚固。锚杆的破坏表现为拉伸断裂和剪切断裂，拉伸破坏由轴力和弯矩引起，剪切破坏由剪力和弯矩引起。根据第 3 章 GFRP 锚杆的力学性能研究，本节把 GFRP 锚杆简化为轴向变形的弹塑性材料，分析锚杆的微元段。假定自由段的轴向变形为 $\Delta L_{\mathrm{m}}(x)$，界面弹性刚度和塑性刚度分别为 G_{S1}、G_{S2}，沿轴向 x 方向的正应力和剪应力分别为 $\sigma(x)$、$\tau(x)$，锚杆弹性模量为 E_{b}，锚杆自由段长度为 L_{ms}、直径为 D_{m}；根据弹塑性理论，锚杆沿 x 轴向的剪应力 $\tau(x)$ 与剪切位移满足"二线型"关系，如图 6.1 所示。

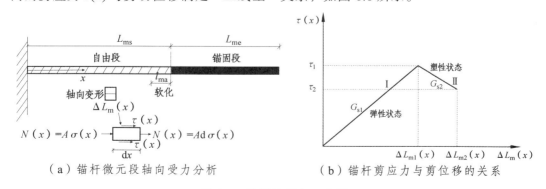

（a）锚杆微元段轴向受力分析　　　　（b）锚杆剪应力与剪位移的关系

图 6.1　锚杆的受力示意图

如图 6.1（b）所示，锚杆界面的剪应力在剪切位移处于弹性阶段时增大并达到最大值 τ_f，塑性状态时为应力软化并达到残余剪应力 τ_r。为了表示最大剪应力 τ_f 和残余剪应力 τ_r 的关系，引入衰减因子 η，即：

$$\eta = \frac{\tau_r}{\tau_f} \tag{6.1}$$

（1）当界面处于弹性阶段（Ⅰ阶段）时，剪应力为：

$$\tau(x) = G_{s1} \cdot \Delta L_m(x) \tag{6.2}$$

根据受力平衡得：

$$\mathrm{d}\sigma(x)A + \pi D_m \times \tau(x)\mathrm{d}x = 0 \tag{6.3}$$

式中：A 为锚杆的面积，$A = \dfrac{\pi D_m^2}{4}$。

把式（6.3）代入式（6.2）得：

$$\frac{\mathrm{d}\sigma(x)}{\mathrm{d}x} = -\frac{4G_{S1}}{D_m} \cdot \Delta L_m(x) \tag{6.4}$$

考虑锚杆发生弹性变形，由胡克定律得：

$$\sigma(x)A = E_b A\varepsilon(x) = -E_b A\frac{\mathrm{d}\Delta L_m(x)}{\mathrm{d}x} \tag{6.5}$$

式（6.4）和式（6.5）联合可得到二阶齐次方程：

$$\frac{\mathrm{d}^2\Delta L_m(x)}{\mathrm{d}x^2} - \delta\Delta L_m(x) = 0 \tag{6.6}$$

式中：$\delta = 2\sqrt{\dfrac{K_{S1}}{E_b D_m}}$。

式（6.6）满足的边界条件为：当 $x=0$ 时，$\sigma(x)=0$；当 $x=L$ 时，$\sigma(x)=\sigma_m(t)$。根据第 3 章 GFRP 锚杆的抗拉强度 $\sigma_m(t)$、剪切强度 $\tau_m(t)$ 与时间 t 的拟合关系式可得 GFRP 锚杆的力学退化模型，即：

$$\begin{cases} \sigma_m(t) = \sigma_{m0}\mathrm{e}^{-\frac{t}{\Gamma_{m1}}} \\ \tau_m(t) = \tau_{m0}\mathrm{e}^{-\frac{t}{\Gamma_{m2}}} \end{cases} \tag{6.7}$$

式中：σ_{m0}、τ_{m0} 分别为 GFRP 锚杆的初始抗拉强度、初始抗剪强度；

t 为退化时间；

Γ_{m1}、Γ_{m2} 分别为 GFRP 锚杆的抗拉强度拟合系数、抗剪强度拟合系数。

联合式（6.6）和式（6.7）得 GFRP 锚杆在弹性阶段的轴应力 $\sigma_1(x,t)$、剪应力 $\tau_1(x,t)$ 和界面滑动量 $\Delta L_m(x,t)$ 分布的表达式为：

$$\begin{cases} \sigma_1(x,t) = \dfrac{\sinh(\delta x)}{\sinh(\delta L_m)} \times \sigma_{m0}\, e^{-\frac{t}{\Gamma_{m1}}} \\[3mm] \tau_1(x,t) = \dfrac{D_m \delta \cosh(\delta x)}{4\sinh(\delta L_m)} \times \sigma_{m0}\, e^{-\frac{t}{\Gamma_{m1}}} \\[3mm] \Delta L_m(x,t) = \dfrac{D_m \delta \sigma_{m0} \cosh(\delta x)}{4\tau_{m0}\sinh(\delta L_m)} \times e^{\frac{t}{\Gamma_{m2}} - \frac{t}{\Gamma_{m1}}} \end{cases} \tag{6.8}$$

弹性阶段的锚杆仅部分处于荷载状态，参考相关研究[180]，此阶段的有效锚固长度为抗拉力达到弹性极限拉应力 97%时的锚固长度，即 $97\% \approx \tanh 2$。

弹性阶段的有效锚固长度 L_{me} 为：

$$L_{me} = \dfrac{1}{\sqrt{\dfrac{G_{S1}}{E_b D_m}}} \tag{6.9}$$

（2）锚杆承受的拉力随着坡体下滑力的增大而增大，在滑动界面首先超过最大剪应力发生软化，然后自由段先延伸，即存在软化长度 L_{ma}。

进入塑性状态（Ⅱ阶段）时，剪应力为：

$$\tau(x) = G_{S2} \times \Delta L_m(x) \tag{6.10}$$

线性传递系数为：

$$\tau(x) = \tau_1(x) - G_{S2} \times \left[\Delta L_m(x) - \Delta L_m(x_1) \right] \tag{6.11}$$

将式（6.11）代入式（6.10）得：

$$\begin{cases} \dfrac{d^2 \Delta L_m(x)}{dx^2} + (1-\eta)\kappa^2 \Delta L_{ms}(x) - \left(\dfrac{4\tau_{mf}}{D_m E_b} \right) = 0 & 0 \leqslant \Delta L_m(x) \leqslant L_{ms} - L_{ma} \\[3mm] \dfrac{d^2 \Delta L_m(x)}{dx^2} + (1-\eta)\kappa^2 \Delta L_m(x) - \left(\dfrac{4\tau_{mf}}{D_m E_b} \right) = 0 & L_{ms} - L_{ma} \leqslant \Delta L_m(x) \leqslant L_{ms} \end{cases} \tag{6.12}$$

式中：$\kappa = 2\sqrt{\dfrac{G_{S2}}{E_b D_m}}$。

边界条件为：当 $x = 0$ 时，$\sigma(x) = 0$；当 $x = L_{ms} - L_{ma}$ 时，$\sigma(x) = \sigma_1(x,t)$；当 $x = L_{ma}$ 时，

$\sigma(x) = \sigma_{\mathrm{m}}(t)$。求解式（6.12）得 GFRP 锚杆在弹性阶段的轴应力 $\sigma_1(x,t)$ 剪应力 $\tau_1(x,t)$ 和界面滑动量 $\Delta L_{\mathrm{m1}}(x,t)$ 分布表达式为：

$$
\begin{cases}
\sigma_1(x,t) = \dfrac{2\sinh(\delta x)}{D_{\mathrm{m}}\delta\sinh\left[\delta(L_{\mathrm{ms}} - L_{\mathrm{ma}})\right]}\tau_{\mathrm{m0}}\mathrm{e}^{-\frac{t}{\Gamma_{\mathrm{m2}}}} \\[2ex]
\tau_1(x,t) = \dfrac{\sinh(\delta x)}{\cosh\left[\delta(L_{\mathrm{ms}} - L_{\mathrm{ma}})\right]}\tau_{\mathrm{m0}}\mathrm{e}^{-\frac{t}{\Gamma_{\mathrm{m2}}}} \\[2ex]
\Delta L_{\mathrm{m1}}(x,t) = \dfrac{\sinh(\delta x)}{\cosh\left[\delta(L_{\mathrm{ms}} - L_{\mathrm{ma}})\right]}
\end{cases}
\tag{6.13}
$$

由式（6.13）求解得 GFRP 锚杆在塑性阶段的轴应力 $\sigma_2(x,t)$、剪应力 $\tau_2(x,t)$ 和界面滑动位移 $\Delta L_{\mathrm{m2}}(x,t)$ 分布表达式为：

$$
\begin{cases}
\sigma_2(x,t) = \dfrac{2\sinh\delta x}{\sqrt{(1-\eta)}\kappa D_{\mathrm{m}}\sinh[\delta(L_{\mathrm{ms}} - L_{\mathrm{ma}})]}\left\{
\begin{array}{l}
\dfrac{\sqrt{(1-\eta)}\kappa}{\delta}\cos[\sqrt{(1-\eta)}\kappa(x - L_{\mathrm{ms}} + L_{\mathrm{ma}})]\tanh[\delta(L_{\mathrm{ms}} - L_{\mathrm{ma}})] + \\
\cos[\sqrt{(1-\eta)}\kappa(x - L_{\mathrm{ms}} + L_{\mathrm{ma}})]
\end{array}
\right\}\tau_{\mathrm{m0}}\mathrm{e}^{\frac{t}{\Gamma_{\mathrm{m2}}}} \\[3ex]
\tau_2(x,t) = \left\{\dfrac{\sqrt{(1-\eta)}\kappa}{\delta}\sin[\sqrt{(1-\eta)}\kappa(x - L_{\mathrm{ms}} + L_{\mathrm{ma}})]\tanh[\delta(L_{\mathrm{ms}} - L_{\mathrm{ma}})] + \sin[\sqrt{(1-\eta)}\kappa(x - L_{\mathrm{ms}} + L_{\mathrm{ma}})]\right\}\tau_{\mathrm{m0}}\mathrm{e}^{\frac{t}{\Gamma_{\mathrm{m2}}}} \\[3ex]
\Delta L_{\mathrm{m2}}(x,t) = \dfrac{\sin[\sqrt{(1-\eta)}\kappa(x - L_{\mathrm{ms}} + L_{\mathrm{ma}})]\tanh[\delta(L_{\mathrm{ms}} - L_{\mathrm{ma}})]}{\sqrt{(1-\eta)}\delta} - \dfrac{\cos[\sqrt{(1-\eta)}\kappa(t - L_{\mathrm{ms}} + L_{\mathrm{ma}})]}{1-\eta}
\end{cases}
\tag{6.14}
$$

塑性阶段的有效锚固长度为：

$$
L_{\mathrm{me}} = L_{\mathrm{ma}} + \dfrac{1}{2\sqrt{\dfrac{K_{\mathrm{S1}}}{E_{\mathrm{b}}D_{\mathrm{m}}}}}\ln\dfrac{\sqrt{\dfrac{G_{\mathrm{S1}}}{E_{\mathrm{b}}D_{\mathrm{m}}}} + \sqrt{\dfrac{G_{\mathrm{S2}}}{E_{\mathrm{b}}D_{\mathrm{m}}}}\sqrt{(1-\eta)}\tan\left(L_{\mathrm{ma}}\sqrt{\dfrac{(1-\eta)G_{\mathrm{S2}}}{E_{\mathrm{b}}D_{\mathrm{m}}}}\right)}{\sqrt{\dfrac{G_{\mathrm{S1}}}{E_{\mathrm{b}}D_{\mathrm{m}}}} - \sqrt{\dfrac{G_{\mathrm{S2}}}{E_{\mathrm{b}}D_{\mathrm{m}}}}\sqrt{(1-\eta)}\tan\left(L_{\mathrm{ma}}\sqrt{\dfrac{(1-\eta)G_{\mathrm{S2}}}{E_{\mathrm{b}}D_{\mathrm{m}}}}\right)}
\tag{6.15}
$$

由以上分析可知，GFRP 锚杆边坡早期防护稳定性主要受到 GFRP 锚杆的抗拉强度影响，同时受到不稳定岩土剪切力的作用，锚杆的退化对边坡稳定性产生影响。

6.1.2　GFRP 网加筋力学分析

在植物根系生长的早期阶段，GFRP 锚网植被边坡中 GFRP 网在加固边坡中发挥了较为明显的加筋作用，下面将从力学角度分析 GFRP 网的加筋作用。

GFRP 网的加筋作用表现为在重力或外力作用下 GFRP 网与土体错动产生的摩阻力限制了土体的变形，从而增加了边坡的强度。这是由于 GFRP 网和坡体的弹性模量不同，GFRP 网的变形小，从而能对坡体变形起到约束作用。GFRP 网加筋机理可以由三轴应力理论解释，如图 6.2 所示。

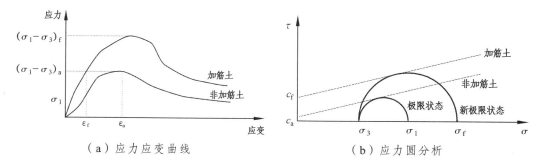

（a）应力应变曲线　　　　　　　　　（b）应力圆分析

图 6.2　加筋作用示意图

由图 6.2（a）可知，在 σ_1 与 σ_3 共同作用下未加筋坡体较快达到极限状态，而 GFRP 网防护的坡体未达到极限状态，仍然处于弹性状态。由图 6.2（b）可看出当 σ_3 恒定时，GFRP 网加筋的坡体达到新极限状态需要将主应力 σ_1 增到 σ_{1f}，新极限状态表达式可由莫尔-库仑破坏准则得到，即：

$$\sigma_{1f} = \sigma_3 \tan^2\left(45° + \frac{\varphi}{2}\right) + 2c_f \tan\left(45° + \frac{\varphi}{2}\right) \tag{6.16}$$

式中：c_f 为加筋坡体的似黏聚力（kPa）；

　　　　φ 为加筋坡体的内摩擦角（°）。

由图 6.2 可知，加筋坡体黏聚力由 c_a 增大为 c_f，说明加筋土抗剪强度得到了提高。其主要原因是 GFRP 网和土体相互接触、相互约束，提供了一部分似黏聚力，两者组成新复合材料的黏聚力增大。

由摩擦加筋理论[181]可知，GFRP 网加筋坡面基材作用力由两部分组成：由于 GFRP 网和基材土粒的相互错动趋势而产生的摩阻力、GFRP 网对基材土粒的咬合力。下面分别就这两部分进行力学分析。

1. 摩擦性能研究

由摩擦加筋原理可知，边坡表面的 GFRP 网与基材之间相互作用产生的摩阻力抵抗基材的自重或外力产生的下滑力，从而增强边坡的表层稳定性。对于 GFRP 网与基材之间的摩阻力平衡，取 GFRP 网的微分段 dl 进行力学分析，如图 6.3（a）所示。

设坡度为 α，GFRP 网的厚度和宽度分别为 a_g、b_g，摩擦系数为 f。根据 GFRP 网的受力分析，可得 GFRP 网的自重 W_S、拉力 P_T 和 GFRP 网与基材的摩擦力 P_f 的关系式，即：

$$\begin{cases} W_S = \gamma_n a_g b_g dL_g \sin\alpha \\ P_f = 2(a_g + b_g)\gamma_{1s} h_g \cos\alpha \cdot f dL_g \end{cases} \tag{6.17}$$

147

式中：γ_n 为 GFRP 网的容重（kN/m^3）；

  γ_{1s} 为基材的容重；

  a_g 为 GFRP 网的埋深（m）。

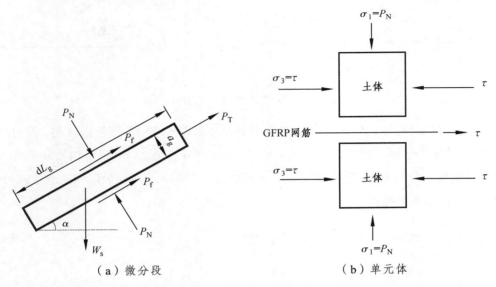

（a）微分段　　　　　　　　（b）单元体

图 6.3　GFRP 网力学示意图

采用力的平衡原理可知，当

$$W_S \leqslant P_T + P_f \tag{6.18}$$

时，GFRP 网与基材之间不会出现相对滑动。由式（6.17）和式（6.18）得：

$$P_T \geqslant \gamma_n a_g b_g \sin\alpha \mathrm{d}L_g - 2f(a_g + b_g)\gamma_{1s} h_g \cos\alpha \tag{6.19}$$

由式（6.19）可知，GFRP 网与基材的平衡主要同 GFRP 网与基材的摩擦系数 f、GFRP 网拉力 P_T 和容重 γ_n、基材容重 γ_{1s} 有关。提高 GFRP 网与基材稳定的措施为：一方面，提高 GFRP 网的初始抗拉强度；另一方面，通过提高 GFRP 网与基材的摩擦系数 f、减小 GFRP 网容重 γ_n 和基材容重 γ_{1s}，降低两者之间的相对滑移量或防止 GFRP 网滑落。

2. 咬合性能研究

GFRP 网与基材之间不仅有相互作用的摩阻力，还有 GFRP 网埋设在基材之中的咬合作用，这种咬合作用增加了两者界面的黏聚力。对于 GFRP 网与基材之间的咬合力平衡，取 GFRP 网的单元体进行力学分析，如图 6.3（b）所示。

GFRP 网的网格为 $S_1 \times S_1$，GFRP 网筋的宽度远小于网格宽度，假设 GFRP 网为薄膜单元，基材的接触类似于 GFRP 网，则其单元体的摩擦力为：

$$P_f = P_N f = \frac{2b_g}{S_1} P_N \cdot \tan\varphi_f \qquad (6.20)$$

式中：P_f 为摩擦力（kPa）；

$\quad\quad\varphi_f$ 为 GFRP 网摩擦角（°）；

$\quad\quad P_N$ 为法向压力（kPa），$P_N = h\gamma_{1s}$。

对坡面的 GFRP 网与土体进行力的平衡分析，如图 6.3（b）所示，$\sigma_1 = P_N$，$\sigma_3 = \tau$。考虑咬合作用，当单元体产生主应力的变形时，变形量为：

$$\varepsilon_1 = \frac{2\tau_g}{b_g E_f} \qquad (6.21)$$

式中：E_f 为 GFRP 网弹性模量（kPa）；

$\quad\quad\tau_g$ 为剪应力（kPa）。

引入平面广义胡克定律：

$$\varepsilon_1 = \frac{1}{E}[\sigma_1 - \mu\sigma_3] \qquad (6.22)$$

式中：E 为土体弹性模量（kPa）；

$\quad\quad\mu$ 为泊松比。

将式（6.22）代入式（6.21）可得到：

$$\tau = \frac{h_g \gamma_{1s}}{\mu + \dfrac{2E}{b_g E_f}} \qquad (6.23)$$

接触面的临界应力可由经典的库仑摩擦理论得到：

$$\tau_g = \frac{P_N}{\mu + \dfrac{2E}{b_g E_f}} \leqslant [\tau_g] = \frac{2b_g}{S_1} P_N \tan\varphi_f + c_1 \qquad (6.24)$$

式中：c_1 为基材黏聚力（kPa）。

由式（6.24）可知弹性模量 E、泊松比 μ、黏聚力 c_1 为基材的性质，可通过提高基材性质，减小网格长度 S_1，增加宽度 b_g、表面粗糙度 φ_f 和埋深 h_g 来提高 GFRP 网的咬合性能。

6.2　植物固土增强作用的力学模型

植物对坡体稳定性的提高主要体现在植物根系的加筋和锚固作用方面。草本植物根系主要为须根，木本植物根系主要为较粗、较深的主根与较细的侧根。植物根系对土体加固主要体现在草本须根和木本侧根的加筋作用，以及木本植物主根的锚固作用。本项目在研究植物生长模型的基础上，重点研究了不同生长时间根系的加筋和锚固作用。

6.2.1　根系生长模型

植物生长规律受到植物的种类和立地条件等因素影响，需要根据植物的形态学和生理学理论来加以研究。根据植物的形态学知识可知，植物的地下根系部分受到植物种类的影响，有很多不同的形态结构。接下来本节将从主根和侧根的数量、主根和侧根的深度来分析根系生长规律。

木本植物根系分为主根和侧根，主根的生长受到植被的种类和立地条件影响。假设不考虑植物根系类型差异，主根的生长深度 L_r 表达式根据 4.3.5 节的研究拟合公式得到，即：

$$L_r(t) = \kappa_1(1 - e^{-\kappa_2 t})^{\kappa_3} \tag{6.25}$$

式中：κ_1、κ_2、κ_3 为与根系深度相关的参数。

土壤含水率影响植物在生长过程中的主根数量与植物的种类[182]。一般草本植物根系没有主根，木本植物根系可以简化为数根主根和侧根的集合体。木本植物主根在含水率大于等于 60%的土壤里增加，在含水率低于 60%的土壤里减少，表达式如下所示：

$$\begin{aligned} N_z &= a \quad (t > 0,\ \omega \geqslant 60\%) \\ N_z &= b \quad (t > 0,\ \omega < 60\%) \end{aligned} \tag{6.26}$$

式中：N_z 为主根数量；

a、b 为常数。

假设主根为一个柱面，木本根系的有效直径可表示为 N_z 个主根直径 D_i 加权，即：

$$D_r = \sqrt{\psi \sum_{i=1}^{N_z} D_{ri}^2} \tag{6.27}$$

式中：ψ 为加权系数；

D_{ri} 为第 i 个截面的直径（mm）。

6.2.2　根系加筋作用

根系加筋作用主要体现为根系与土壤组合为三维加筋复合体，即根-土复合体。根-土复合体的黏聚力主要由两部分组成：土壤有效黏聚力 c' 和根系诱导的黏聚力 $\Delta c'$。根据 Ni J 等[183]对 Wu 模型的改进，得到根系诱导的黏聚力 $\Delta c_r'$ 为：

$$\Delta c_r' = 0.4 RAR(t) P_{TN} \nu \qquad (6.28)$$

式中：$RAR(t)$ 为根土面积比，可采用 4.3.5 节的模型公式；

P_{TN} 为根的最大拉应力（kPa）；

ν 为与根方向相关的参数，$\nu = \cos\beta_i + \sin\beta_i \tan\varphi$，$\beta_i$ 为第 i 根变形根与水平面的角度（°），φ 为土体的内摩擦角（°）。

将根系加筋增强模型扩展到估算不同生长时间的植物根系在一定位移下对黏聚力增量 $\Delta c'$ 的贡献。抗剪试验中根系加筋作用主要有两种破坏模式：根拉断和根滑移[184]。假定直剪试验中剪切面为水平且剪切位移为 Δd_r 时产生破坏，则在面积为 A 的剪切面内，总共存在 n 条根，有 m 条根滑移，$n-m$ 条根拉断，根受力如图 6.4 所示。

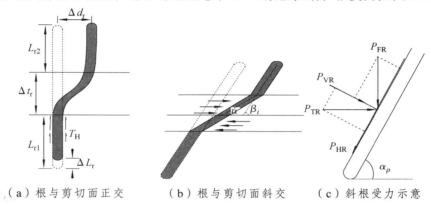

（a）根与剪切面正交　　（b）根与剪切面斜交　　（c）斜根受力示意

图 6.4　根受力分析示意图

下面分别分析这两种破坏模式对黏聚力增加的贡献。

1．根滑移

由图 6.4（a）可知，根在剪切发生滑移破坏时，需要一定的滑移长度 ΔL_r 抵抗剪切力，即：

$$\Delta L_r = L_{r2} - \left(L_r - L_{r1} - \sqrt{\Delta d_r^2 + \Delta t_r^2} \right) \qquad (6.29)$$

式中：L_{r2} 为根发生滑动的长度（mm）；

L_r 为根的长度（mm）；

L_{r1} 为根没有移动的长度（mm）；

Δd_r 为剪切位移（mm）；

Δt_r 为根的剪切长度（mm）。

根系的滑动率 ε_r 为：

$$\varepsilon_r = \frac{L_{r2} - \left(L_r - L_{r1} - \sqrt{\Delta d_r^2 + \Delta t_r^2} \right)}{L_r} \qquad (6.30)$$

由图 6.4（b）可知根与水平方向的倾角 β_{r2} 为：

$$\tan\beta_{r2} = \frac{\Delta t_r}{\Delta t_r / \tan\alpha + \Delta d_r} \tag{6.31}$$

式中：α 为根的剪切区倾斜角度（°）。

利用能量法，滑移根产生的拉应力 P_{rT} 为：

$$P_{rT} = E_r\varepsilon = E_r\left\{\frac{L_{r2}}{\sin\beta_2} + \left[L_r - \frac{L_{r1}}{\sin\beta_2} - \sqrt{(\Delta t_r\tan\beta_2 + \Delta d_r)^2 + \Delta t_r^2}\right]\right\} \tag{6.32}$$

式中：E_r 为根的弹性模量（kPa）。

m 条根滑移产生的黏聚力 $\Delta c_1'$ 为：

$$\Delta c_1' = 0.4RAR(t)\sum_{i=0}^{m} T_{ri}(\cos\beta_i + \sin\beta_i\tan\varphi) \tag{6.33}$$

2. 根拉断

剪切区根拉断时，其剪切区根受力如图 6.4（c）所示。根的水平力和竖向力可由朗肯土压力理论求得，水平荷载 P_{TR} 与侧土压力呈正比关系，竖向荷载 P_{FR} 与正土压力呈正比关系，分别表示为：

$$\begin{cases} P_{FR} = \lambda\sigma_N \\ P_{TR} = \lambda(k_0\sigma_N + \gamma_s h) \end{cases} \tag{6.34}$$

式中：γ_s 为土的重度（kN/m³）；

$\quad\quad\lambda$ 为土压力系数；

$\quad\quad\sigma_N$ 为正应力（kPa）。

可以得出任意根的垂直分量力 P_{VR} 和平行分量力 P_{HR} 为：

$$\begin{cases} P_{VR} = P_{FR}\cos\alpha_\rho + P_{TR}\sin\alpha_\rho \\ P_{HR} = P_{FR}\sin\alpha_\rho - P_{TR}\cos\alpha_\rho \end{cases} \tag{6.35}$$

根据非饱和土抗剪强度公式，根在剪切时抵抗拉断的力 P_R 为：

$$P_R = (P_{FR}\cos\alpha_\rho + P_{TR}\sin\alpha_\rho)\tan\varphi - (P_{FR}\sin\alpha_\rho - P_{TR}\cos\alpha_\rho) \tag{6.36}$$

将式（6.35）代入式（6.36）得：

$$P_R = [(\sin\alpha + k_0\cos\alpha)\sigma_N + \gamma_s h\cos\alpha]\lambda\tan\varphi + [(\cos\alpha - k_0\sin\alpha)\sigma_N - \gamma_s h\sin\alpha]\lambda \tag{6.37}$$

$n-m$ 条根拉断产生的黏聚力为：

$$\Delta c_2' = 0.4 RAR(t) \sum_{i=0}^{n-m} P_{\text{r}i}(\cos\beta_i + \sin\beta_i \tan\varphi) \tag{6.38}$$

通过以上研究可得，根系诱导的黏聚增量 $\Delta c_{\text{r}}'$ 为

$$\Delta c_{\text{r}}' = \Delta c_1' + \Delta c_2' = 0.4 RAR(t) \cdot \left[\sum_{i=0}^{m} P_{\text{T}i}(\cos\beta_i + \sin\beta_i \tan\varphi) + \sum_{i=0}^{m} P_{\text{R}i}(\cos\beta_i + \sin\beta_i \tan\varphi) \right]$$

$$\tag{6.39}$$

6.2.3　木本植物根的锚固模型

通过抗拉试验发现木本植物的主根直径较大，根系存在拉脱现象。木本植物主根固土的关键在于根与土的界面黏结强度，界面黏结强度与根系的直径呈线性关系，即：

$$\tau_{si} = f_{\text{r}} \gamma_{\text{s}} D_{\text{r}i} \tag{6.40}$$

式中：τ_{si} 为根从土壤中拔出的黏结强度（kPa）；

$\quad\quad D_{\text{r}i}$ 为根系有效直径（mm）；

$\quad\quad f_{\text{r}}$ 为界面摩擦系数，与根系的抗拉强度和土壤的接触特性有关；

$\quad\quad \gamma_{\text{s}}$ 为土体的容重（kN/m^3），与埋置深度有关。

土体的容重 γ_{s} 与土的含水率和密度等有关，即：

$$\gamma_{\text{s}} = \rho g = \rho_{\text{d}}(1+\theta) g \tag{6.41}$$

式中：ρ_{d} 为土壤的干密度（kg/m^3）；

$\quad\quad \theta$ 为土壤的含水率；

$\quad\quad g$ 为重力加速度（cm/s^2）。

木本植物的主根垂直插入土体深处，对土体起到锚固作用，故主根的锚固抗拉力 $P_{\text{r}i}$ 为：

$$P_{\text{r}i} = L_{\text{r}i} \times \pi D_{\text{r}i} \times \tau_{si} \tag{6.42}$$

式中：$L_{\text{r}i}$ 和 $D_{\text{r}i}$ 为第 i 根的垂直深度和有效直径（mm）；

$\quad\quad \tau_{si}$ 为第 i 根从土壤拔出的黏结强度（kPa）。

假设主根为圆柱体的刚性材料，木本植物主根生长深度和直径相同，边坡的木本植物数为 n。由式（6.25）～式（6.27）可得边坡不同生长时间的木本植物主根可提供的锚固抗拉力为：

$$P_{\text{r}}(t) = \sqrt{a} \pi g \kappa_1 (1 - e^{-\kappa_2 t})^{\kappa_3} \times f_{\text{r}} \rho_{\text{d}}(1+\theta) \times n^{3/2} \times \psi \sum_{i=1}^{N_z} d_i^2 \tag{6.43}$$

6.3 GFRP 锚网植被护坡结构整体模型建立

前两节对 GFRP 锚网受力退化模型和植物根系的固土增强机理进行了分析，可知 GFRP 锚网在保证边坡浅层稳定性方面早期发挥的作用最大，GFRP 锚网的力学性能随着时间的增加而降低；随着时间的增加，植物根系向下生长且根系密度增加，植物根系对土壤的加筋和锚固作用增强。两者的协同作用是保证边坡浅层长期稳定的关键，两者结构在不同时间的协同规律对 GFRP 锚网植被结构的整体设计具有重要的参考价值。

针对降雨入渗对 GFRP 锚网植被护坡的稳定性影响，本节将基于第 3 章考虑饱和区径流的改进 Green-Ampt 入渗模型建立多层 GFRP 锚网植被边坡入渗模型，并建立不同潜在滑动面上（基材层、全风化煤系土层和湿润锋处）的 GFRP 锚网植被边坡的稳定性。

6.3.1 考虑暂态饱和区径流的改进 Green-Ampt 多层边坡入渗模型

根据力的平衡原理，建立 GFRP 锚网植被边坡结构受力模型，如图 6.5 所示。

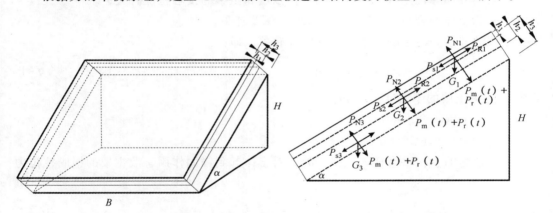

图 6.5 GFRP 锚网植被边坡受力示意图

由图 6.5 可知，边坡的长度为 B，坡度为 α，高度为 H，基材厚度为 h_1，基材和全风化厚度之和为 h_2。该边坡不会发生深层滑坡，可能沿着浅层潜在滑面（基材层、全风化煤系土层和湿润锋）发生平行于坡面的滑移破坏。

根据第 3 章的改进 Green-Ampt 模型的假定，假设暂态饱和区的水力传导性在暂态饱和区的各土层内均匀分布，可得到强降雨入渗各层湿润锋。

当湿润锋位于基材层中时，雨水入渗时间 t 小于达到基材底的时间 t_1，根据达西定律得到基材层的湿润锋 Z_f 为：

$$\begin{cases} Z_f = \dfrac{2H}{\tan\alpha} - e^{\ln\left(\frac{2H}{\tan\alpha}\right) - \frac{4q\sin\alpha}{H(4+\pi)(\theta_{1f}-\theta_{1o})}t} & 0 \leqslant t \leqslant t_p \\[2em] Z_f = 2\sqrt{\dfrac{H\left[e^{\frac{4k_{1s}(\theta_{1f}-\theta_{1o})\sin\alpha}{(4+\pi)H}(t-t_p)+\ln 2S_{1f}} - 2S_{1f}\right]}{\sin\alpha}} + Z_p & t > t_p \end{cases} \quad (6.44)$$

式中：θ_{1f} 为基材饱和含水率；

　　　　θ_{1o} 为基材天然含水率；

　　　　k_{1s} 为基材的渗透系数；

　　　　S_{1f} 为基材的基质吸力水头。

当湿润锋位于全风化层中时，全风化煤系土层的湿润锋 Z_f 为：

$$\begin{cases} Z_f = h_1 + \dfrac{2H}{\tan\alpha} - e^{\ln\left(\frac{2H}{\tan\alpha}\right) - \frac{4q\sin\alpha}{H(4+\pi)(\theta_{2f}-\theta_{2o})}(t-t_1)} & t_1 \leqslant t \leqslant t_p \\[2em] Z_f = h_1 + 2\sqrt{\dfrac{H\left[e^{\frac{4k_{2s}(\theta_{2f}-\theta_{2o})\sin\alpha}{(4+\pi)H}(t-t_p-t_1)+\ln 2S_{2f}} - 2S_{2f}\right]}{\sin\alpha}} + Z_p & t > t_p \end{cases} \quad (6.45)$$

式中：θ_{2f} 为基材饱和含水率；

　　　　θ_{2o} 为基材天然含水率；

　　　　k_{2s} 为基材的渗透系数；

　　　　S_{2f} 为基材的基质吸力水头。

以此类推，可以得到湿润锋位于第 i 层内时，湿润锋为：

$$\begin{cases} Z_f = h_1 + \cdots + h_{i-1} + \dfrac{2H}{\tan\alpha} - e^{\ln\left(\frac{2H}{\tan\alpha}\right) - \frac{4q\sin\alpha}{H(4+\pi)(\theta_{if}-\theta_{io})}(t-t_{i-1})} & t_{i-1} \leqslant t \leqslant t_p \\[2em] Z_f = h_1 + \cdots + h_{i-1} + 2\sqrt{\dfrac{H\left[e^{\frac{4k_{is}(\theta_{if}-\theta_{io})\sin\alpha}{(4+\pi)H}(t-t_{i-1}-t_1)+\ln 2S_{if}} - 2S_{if}\right]}{\sin\alpha}} + Z_p & t > t_p \end{cases}$$

$$(6.46)$$

式中：θ_{if} 为第 i 层饱和含水率；

　　　　θ_{io} 为第 i 层天然含水率；

　　　　k_{is} 为第 i 层的渗透系数；

　　　　S_{if} 为第 i 层的基质吸力水头。

6.3.2 降雨入渗作用下 GFRP 锚网植被护坡结构模型建立

假设木本植物主根提供的锚固法向拉力为 $P_r(t)$，GFRP 锚网提供的锚固法向拉力为 $P_m(t)$。在降雨作用下，暂态饱和区存在平行于坡面的渗透力。根据图 6.5（b），由力的平衡原理可知基材层、全风化煤系土层和湿润锋的安全系数为：

（1）基材层：

体积 $V_1 = \dfrac{H}{\sin\alpha}Bh_1$，重力 $W_1 = \dfrac{H\gamma_{1sat}}{\sin\alpha}Bh_1$，渗透力 $P_1 = \dfrac{H}{\sin\alpha}B\gamma_w Z_f$

下滑力 $P_{s1} = W_1\sin\alpha + P_1 = HBh_1\left(h_1\gamma_{1sat} + \dfrac{\gamma_w}{\sin\alpha}Z_f\right)$

抗滑力 $P_{R1}(t) = \left[W_1\cos\alpha + P_r(t) + P_m(t)\right]\tan\varphi_1$

安全系数 $F_S(t) = \dfrac{P_{R1}(t)}{P_{s1}} = \dfrac{\left[W_1\cos\alpha + P_r(t) + P_m(t)\right]\tan\varphi_1}{HBh_1\left(h_1\gamma_{1sat} + \dfrac{\gamma_w}{\sin\alpha}Z_f\right)}$ （6.47）

（2）全风化煤系土层：

体积 $V_2 = \dfrac{H}{\sin\alpha}Bh_2$，重力 $W_2 = \dfrac{HB}{\sin\alpha}\left[\gamma_{1sat}h_1 + \gamma_{2sat}h_2(t) - \gamma_{2sat}h_1\right]$，渗透力 $P_2 = \dfrac{H}{\sin\alpha}B\gamma_w Z_f$

下滑力 $P_{s2} = W_2\sin\alpha + P_2 = HB\left[\gamma_{1sat}h_1 + \gamma_{2sat}h_2 - \gamma_{2sat}h_1 + \dfrac{Z_f}{\sin\alpha}\right]$

抗滑力 $P_{R2}(t) = \left[W_2\cos\alpha + P_r(t) + P_m(t)\right]\tan\varphi_2$

安全系数 $F_S(t) = \dfrac{P_{R2}(t)}{P_{s2}} = \dfrac{\left[W_2\cos\alpha + P_r(t) + P_m(t)\right]\tan\varphi_2}{W_2\sin\alpha + P_2}$ （6.48）

（3）湿润锋：

体积 $V_f = \dfrac{H}{\sin\alpha}Bh_f$，重力 $W_f = \dfrac{HB\gamma_{isat}Z_f}{\sin\alpha}$，渗透力 $P_f = \gamma_w Z_f\dfrac{H}{\sin\alpha}B$

下滑力 $P_{sf} = W_f\sin\alpha + P_f = HB\gamma_{isat}Z_f + \dfrac{H}{\sin\alpha}B\gamma_w Z_f$

抗滑力 $P_{Rf}(t) = \left[W_f\cos\alpha + P_r(t) + P_m(t)\right]\tan\varphi_i$

安全系数 $F_S(t) = \dfrac{P_{Rf}(t)}{P_{sf}} = \dfrac{\left[W_f\cos\alpha + P_r(t) + P_m(t)\right]\tan\varphi_i}{W_f\sin\alpha + P_f}$ （6.49）

式中：γ_w 为水的重度（kN/m³）；

   γ_{1sat} 为基材层的饱和容重（kN/m³）；

   γ_{2sat} 为全风化层的饱和容重（kN/m³）。

3 个潜在滑面所需的临界锚固力分别为：

$$\begin{cases} P'_{m+r}(t=t_1) = \dfrac{F_S(t_1)(W_1 \sin\alpha + P_1)}{\tan\varphi_1} - W_1\cos\alpha & \text{基材层} \\[3mm] P''_{m+r}(t=t_2) = \dfrac{F_S(t_2)(W_2 \sin\alpha + P_2)}{\tan\varphi_2} - W_2\cos\alpha & \text{全风化层} \\[3mm] P'''_{m+r}(t=t_f) = \dfrac{F_S(t_3)(W_f \sin\alpha + P_f) - c_i}{\tan\varphi_i} - W_f\cos\alpha & \text{湿润锋} \end{cases} \qquad (6.50)$$

随着时间的增加，GFRP 锚网植被护坡结构中 GFRP 锚网对边坡加固作用出现退化，而植物根系对边坡加固作用增强，两者此消彼长。由式（6.50）可得到 GFRP 锚杆法向拉力 $P_m(t)$ 与木本植物主根法向拉力 $P_r(t)$ 之和大于或等于临界锚固力 $P_{m+r}(t)$ 才能保证边坡的安全，即：

$$P_r(t) + P_m(t) \geqslant \dfrac{F_S\left(W_i + \dfrac{HB}{\sin\alpha}P_i\right)}{\tan\varphi_i} - W_i\cos\alpha \qquad (6.51)$$

GFRP 锚网的锚固力退化和木本植物根系的锚固力增加可由图 6.6 表示。

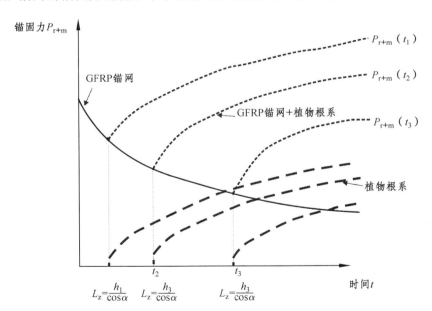

图 6.6　GFRP 锚网植被护坡结构在不同时间的受力示意图

由图 6.6 可知，GFRP 锚网的锚固力随着时间的增加而减小，木本植物根系的锚固力在根系达到界面后随着时间的增加而增加。两者锚固力之和随着时间的增加呈先减小后增大的过程，分别存在最低的锚固临界点，需要保证浅层潜在临界滑面（基材层、全风化层和湿润锋）上的锚固力。边坡的稳定性主要由 GFRP 锚网结构和植物根系的法向拉力提供，假定单个 GFRP 锚杆和木本植物主根提供的法向拉力分别为 $P_{ri}(t)$、$P_{mi}(t)$，即：

$$\begin{cases} P_{mi}(t) = \dfrac{P_m(t)}{m} \\ P_{ri}(t) = \dfrac{P_r(t)}{n} \end{cases} \tag{6.52}$$

式中：m 为边坡中需要 GFRP 锚杆的数量；

n 为边坡中需要木本植物根系的数量。

3 个潜在滑面所需临界锚固法向拉力分别为：

$$mP_{mi}(t) + nP_{ri}(t) = \frac{F_s\left(W_i + \dfrac{HB}{\sin\alpha}P_i\right)}{\tan\varphi_i} - W_i\cos\alpha \tag{6.53}$$

由式（6.53）可知，$P_{mi}(t)$ 值受锚杆锚固段与围岩的初始握裹力及初始黏结摩阻力影响，以及 GFRP 锚网锈蚀老化的影响。

6.4 GFRP 锚网植被护坡结构设计和边坡稳定性分析

6.4.1 GFRP 锚网植被护坡结构设计方法

GFRP 锚网植被护坡结构设计主要对以下几个参数进行确定：GFRP 锚杆的直径 D_m、锚固段长度 L_{me}、布置数量 m 和间距 S_m，GFRP 网的网筋截面积 A、网格尺寸 S_1，草本植物的根系密度、木本的布置间距 n。根据前面的理论分析，可以提出 GFRP 锚网植被护坡技术的设计步骤为：

（1）收集资料和现场调研。收集边坡防护地区的水文气象和地质构造资料，开展现场调研和试验，确定历年降雨强度，边坡长度 B、坡度 α、高度 H，拟设的基材厚度 h_1。

（2）确定客土和土壤的基本物理、营养成分和力学参数。通过试验并结合勘察资料，确定客土和土壤的容重 γ_{1s}（γ_{2s}）、泊松比 μ_1（μ_2）、黏聚力 c_1（c_2）、内摩擦角 φ_1（φ_2）和肥力，确定不同生长时间根系根土面积比 RAR、主根的直径 D_r 和生长深度 L_r、根-土静摩擦系数 f_r。

（3）GFRP 锚网的物理力学测定。通过试验测定 GFRP 锚网的抗拉强度 σ_{ms} 和与砂浆的黏结强度 τ_m。

（4）根据边坡的重要程度，确定防护边坡安全等级和安全系数 F_s，并计算不同降雨强度下所需的总锚固力 $P_{r+m}(t)$。

（5）GFRP 锚网确定。根据 GFRP 网加筋理论计算 GFRP 网的网筋截面宽度 a_g 和厚度 b_g、网格长度 S_1。在初步选定 GFRP 锚杆直径的基础上，计算锚杆的锚固段长度 L_{me} 和布置数量 m，最终确定边坡 GFRP 锚杆的布置形式和间距。

（6）植物根系和基材用量确定。根据试验和计算确定木本植物间距 n、最低的草木播种比以及边坡基材用量。

GFRP 锚网植被护坡技术流程如图 6.7 所示。

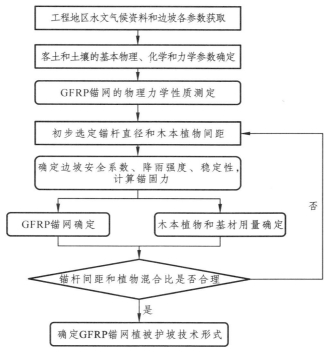

图 6.7　GFRP 锚网植被护坡技术流程

6.4.2　设计实例

选取昌栗高速公路 K207 煤系土边坡的第二级坡面进行 GFRP 锚网植被护坡设计，该边坡的长度为 120 m，高度为 10 m，坡比为 1∶1.25。边坡已开挖 1 年，坡面风化严重且出现浅层滑移现象，现采用 GFRP 锚网植被护坡技术进行防护：

（1）经过现场调研和试验研究，基材层厚度定为 15 cm，周边存在大量的农田和玉米秸秆，可作为基材原料。浅层为全化风煤系土层，强度较低。边坡各层的物理力学参数见表 6.1。结合江西省萍乡市的降雨特点，降雨强度为 60 mm/h。

表 6.1　边坡各土层物理力学参数

土层	d/m	γ/(kN · m^{-3})	γ_{sat}/(kN · m^{-3})	c/kPa	φ/(°)	k_s/(mm · h^{-1})	θ_o/%	θ_m/%	S_f/cm
基材层	0.15	14.70	20.10	34.10	33.90	12.10	10.54	40.00	1.00
全风化煤系土层	3.00	16.50	23.40	10.30	24.20	74.24	12.57	35.00	4.00
强风化炭质岩层	4.00	21.50	25.40	34.10	30.60	10.40	21.00	37.00	6.00

（2）经过基材试验，木本植物根系达到基材底部的时间为 2 个月，达到全风化煤系土层底部发挥锚固作用的时间为 36 个月。通过试验和参考同类工程，选定水泥砂浆的强度为 30 MPa。

（3）该工程的高速公路路堑为永久边坡，安全系数取 1.5。代入式（6.53）得基材层与土层所需的锚固力为：

基材层：

$$P'_{m+r}(t=2) = \frac{1.5 \times (6\ 190.8 \times 0.625 + 2\ 000 \times 10 \times 0.15)}{\tan 35.9°} - 6\ 190.8 \times \cos 38.66° = 9\ 400 \text{ kN}$$

全风化煤系土层：　$P''_{m+r}(t=36) = 16\ 046 \text{ kN}$

（4）在 GFRP 锚网植被护坡早期，由 GFRP 锚网结构起到支护边坡作用，需采用 GFRP 锚杆来抵抗拉力，锚杆轴向垂直于滑移面。

土工植被网的尺寸为 2 mm×5 mm，网格边长为 5 cm。GFRP 锚杆直径选定为 12 mm，钻孔直径为 20 mm。锚杆的抗拉强度为 861 MPa，抗剪强度为 162 MPa，锚杆与砂浆的黏结强度为 2000 MPa，岩体与砂浆的黏结强度为 680 MPa。考虑锚杆的拉断安全系数为 1.5 和锚杆早期的退化。

单根 GFRP 锚杆的抗拉力为：

$$P_{m1}(t=0) = \frac{861 \times e^{-\frac{0}{140.68}} \times 3.14 \times 12^2}{1.5 \times 4} = 64.88 \text{ kN}$$

$$P_{m2}(t=36) = \frac{861 \times e^{-\frac{24}{140.68}} \times 3.14 \times 12^2}{1.5 \times 4} = 54.71 \text{ kN}$$

根据抗拉力确定 GFRP 锚杆的数量、间距和锚固段长度。边坡需要的最少锚杆数为：

$$m = \frac{16\ 046}{54.71} = 294$$

采用梅花形布置锚杆，其间距为：

$$s = \sqrt{\frac{B \times L}{m \sin \alpha}} = \sqrt{\frac{10 \times 120}{294 \times \sin 38.66°}} = 2.56 \text{ m}$$

间距取 2.3 m 满足要求。

锚固段长度：

砂浆与岩体：$L_{\text{me1}} = \dfrac{1.5 \times 50.24}{3.14 \times 0.020 \times 680} = 1.76 \text{ m}$

GFRP 锚杆与砂浆：$L_{\text{me2}} = \dfrac{1.5 \times 50.24}{3.14 \times 0.012 \times 2100} = 0.95 \text{ m}$

所以 GFRP 锚杆间距取 2.4 m，总长为 4.8 m，其中锚固段长度 l_e 取 1.8 m。

（5）在 GFRP 锚网植被护坡后期主要由木本抵抗拉力时：

单个木本提供的拉力：

$$P_{\text{r1}}(t=2) = \frac{\sqrt{1.5} \times 3.14 \times 1 \times 9.8}{1 + 1 \times e^{-1 \times 2}} \times 0.5 \times 1.58 \times (1+0.32) \times 3^{3/2} \times 0.5^4 \times \frac{3.14}{4} = 8.82 \text{ kN}$$

$$P_{\text{r2}}(t=36) = \frac{\sqrt{1.5} \times 3.14 \times 1 \times 9.8}{1 + 1 \times e^{-1 \times 36}} \times 0.5 \times 1.58 \times (1+0.32) \times 3^{3/2} \times 0.5^4 \times \frac{3.14}{4} = 10 \text{ kN}$$

需要的木本植物根数：

$$n = \frac{16\,046}{10} = 1604.6$$

采用梅花形的形式布置木本植物，其间距为：

$$s = \sqrt{\frac{B \times H}{n \times \sin \alpha}} = \sqrt{\frac{10 \times 120}{1604.6 \times \sin 38.66}} = 0.68 \text{ m}$$

所以，木本植物设置间距为 0.5 m。木本植物可以通过种植实现；当通过播种实现时，需先选配优良种子进行试种，确定播种量。

综合以上设计可知，考虑 GFRP 锚网植被护坡技术的早期和后期边坡的安全，GFRP 锚杆的设计参数为：总长 4.8 m，间距 2.4 m，锚固长度 1.8 m；木本植物间距 0.5 m。

6.4.3　降雨强度对 GFRP 锚网植被边坡稳定性分析

为了探讨不同降雨强度对 GFRP 锚网植被防护 K207 边坡稳定性的影响规律，取 GFRP 锚杆长 4.8 m、间距 2.3 m，植物生长 36 个月，木本植物间距 0.5 m，深度为 4 m，其他参数见上一节。选取中雨到特大暴雨之间的 5 个降雨强度（10 mm/h、20 mm/ h、40 mm/h、60 mm/h、100 mm/h）进行边坡稳定性分析。降雨历时取 12 h，渗流时间和安全系数时间步距为 0.5 h。由于植被的蒸发具有滞后性，强降雨来临对植被边坡的危害较大，保守研究可以认为植被的蒸发量在计算时忽略不计，植物的重量忽略不计。

分别采用式（6.44）~ 式（6.46）求得 5 种不同降雨强度的湿润锋，如图 6.8 所示。根据图 6.8 结果可知：在降雨强度相同时，湿润锋随降雨历时的增加而逐渐增大；在降雨历时恒定时，湿润锋随着降雨强度的增大而增大。在同一土层内，由于饱和区径流损失导致湿润锋增幅逐渐减弱，且基材层湿润锋的增幅小于全风化煤系土层湿润锋的增幅 1.5% ~ 11.8%，其主要原因是基材本身的渗透系数小于全风化煤系土。湿润锋经过土层交界处时出现突变现象，入渗速度增加，并且随着降雨强度的增加而增大，这是由于两个土层的渗透性和饱和度不同，随着降雨强度的增加，入渗量增加，进而导致土层饱和度变化。

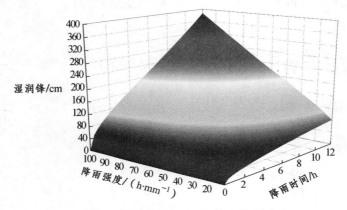

图 6.8　降雨强度对湿润锋变化影响

应用上节的式（6.47）~ 式（6.49）得到 GFRP 锚网植被护坡的安全系数，如图 6.9 所示。由图 6.9 可知：考虑坡体雨水渗透力时，3 个界面安全系数和安全系数递减速率都随降雨历时的增加而减少；当降雨历时恒定时，安全系数递减速率随降雨强度的增加而明显增大。

由图 6.9（a）可知：基材层与全风化煤系土层界面处的初始安全系数为 2.435，在降雨强度为 10 mm/h（中雨）时，安全系数随降雨历时增加而降低；在大雨（20 mm/h）以上强度时，安全系数随降雨历时的增加而快速降低且在降雨历时达到一定时间后降低为最小值。安全系数降幅随降雨强度增大而增大；基材层与全风化煤系土层界面处的安全系数为 1.260，说明这两个土层界面处在降雨作用下处于安全状态，且含有一定的安全储备。

由图 6.9（b）可知：在全风化煤系土层与强风化炭质岩层交界处的初始安全系数为 2.7510；降雨强度小于 40 mm/h 时，安全系数随降雨历时的增加而逐渐降低；降雨强度大于或等于 60 mm/h 时，湿润锋达到了全风化煤系土层与强风化炭质岩层交界处，安全系数会出现骤降；安全系数在特大暴雨（100 mm/h）时降雨历时 3.6 h 达到最低值 1.475，说明边坡在全风化煤系土层与强风化炭质岩层交界处在降雨作用下处于安全状态，植被和锚网能有效地防止边坡浅层滑移。

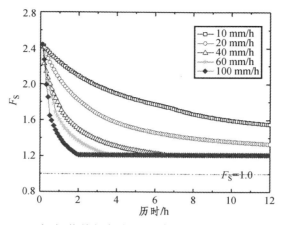

（a）基材层与全风化煤系土层交界面

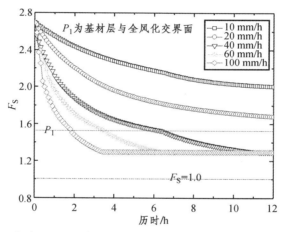

（b）全风化煤系土层与强风化炭质岩层交界面

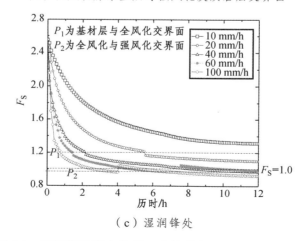

（c）湿润锋处

图 6.9　不同降雨强度作用下边坡潜在滑动面的安全系数

由图 6.9（c）可知：在湿润锋处的初始安全系数达到 2.5731，安全系数随着降雨历时的增加而快速降低；大雨（20 mm/h）以上时，其安全系数在基材层与全风化煤系土层界面处时突然下降，而在经过全风化煤系土层与强风化炭质岩层交界处时突然增加，这是由于基材层的黏聚力大于全风化煤系土层的黏聚力，而强风化炭质岩层的黏聚力大于全风化煤系层的黏聚力，导致安全系数在交界处急剧变化；降雨强度为 100 mm/h 时，湿润锋处的安全系数大于 1.12，表明湿润锋处在特大暴雨时处于安全状态。

6.5 本章小结

本章采用理论分析研究了不同时效 GFRP 锚网植被护坡机理，基于考虑暂态饱和区径流的入渗模型，建立了降雨条件下 GFRP 锚网植被边坡的多层入渗模型和力学模型，并对 GFRP 锚网植被护坡技术进行了设计。得到以下结论：

（1）根据 GFRP 锚杆的受力特性和二线型剪切滑移模型，获得了不同时效 GFRP 锚杆在弹性和塑性阶段的轴向应力和剪应力分布的闭合解。GFRP 网的加筋作用主要通过摩阻和咬合来实现，提高 GFRP 网的加筋作用可以通过提高基材黏聚力、减小 GFRP 网长、增加厚度和表面粗糙度来实现。

（2）基于植被根系破坏模式，探讨了植被根系在拉断和滑移两个破坏模式共同作用下土体黏聚力增加量和木本植被的根系锚固力。

（3）考虑暂态饱和区径流建立降雨入渗下改进的 Green-Ampt 入渗分层模型，并根据力的平衡原理建立基材层、全风化层和湿润锋的 3 个潜在滑面处 GFRP 锚网植被边坡安全系数公式，得到了不同时效 GFRP 锚网植被边坡的 3 个潜在滑面所需的临界锚固力模型。

（4）结合煤系土边坡实际工程，给出 GFRP 锚网植被护坡的设计步骤和流程图，结合工程实例设计了 GFRP 锚网和木本植物参数，并研究了降雨强度对 GFRP 锚网植被边坡的稳定变化规律，结果表明该技术设计的 GFRP 锚网植被边坡在特大暴雨时处于稳定状态。

第 7 章 GFRP 锚网植被护坡生态效果研究

GFRP 锚网植被护坡技术可以为不同时期煤系土浅层边坡营造了一个稳定的环境，GFRP 锚网的初期支护为边坡早期植物生长提供了条件，自然生长的植物通过根系的力学作用和 GFRP 锚网在中期共同防护浅层边坡，最终以植物根系取代 GFRP 锚网结构成为煤系土浅层边坡的主要防护，从而实现生态防护煤系土边坡的目标。该技术长期防护效果关键在于形成植被群落。同时，植被群落的形成直接影响了边坡防护的生态性和景观性，关系到植物能否自我繁衍和防护边坡稳定性。本章将进行植被群落形成指标研究和探讨 GFRP 锚网植被护坡技术的生态护坡效果。

7.1 GFRP 锚网植被边坡生态设计

GFRP 锚网植被边坡是以自然植物根系加固浅层边坡，从而达到边坡长期稳定效果的。同时，该技术在保证稳定的基础上考虑了生态保护和人类可持续发展。植被群落的设计以边坡稳定和生态保护、美化环境为宗旨，具有保护公路车辆安全行驶、绿色环保、美化边坡和观赏价值较高等特点。植被群落需要根据边坡的立地条件，结合当地的土壤要求、气候条件和协调道路两侧路域外环境而建立。因此，植被群落的设计原则可以归纳为以下几点：

1. 安全性

植被应能在公路使用期限内实现护坡功能，要求所选择的植物根系发达和快速生长较深，能和边坡土体连接稳固；植物需在边坡表面快速生长覆盖边坡，增加边坡的水力作用；植物的地上冠层不宜太高，植物应能经受风力、地震等外力而不失稳倾覆。

2. 自然性

植被群落的设计需要与边坡所在地区位置结合，以及与周边自然环境相协调。植被种类的选择，需在调研当地乡土植物物种的基础上适应当地煤系土土壤、当地水文和气候条件；植被要有较强的耐旱性、耐热性、耐贫瘠性、耐酸碱性、抗病虫害性、耐寒性等抗逆特性，同时有较强的自生能力；植被管理以粗放、养护越简单越好为原则。

3. 多样性

单一的植物种类用于边坡防护不利于植物的生长，不能构成健康的生物种群和最大限度地恢复边坡的生态，也很难形成长期效果的植被群落系统，从而影响护坡效果和景观功能。护坡植物应注意草本、灌木和乔木植物等多种类型的有效搭配设计，减少生物种类的竞争矛盾，使其易于形成稳定的植物群落。因此，植被群落的设计应加强植物种类的混播研究。

4. 功能性

边坡植物除了具有稳定和绿化边坡的功能外，应结合植物的特点考虑植物生长带来的生态功能，注意各类植物、质地色彩、支护形式等方面的搭配和与环境相协调。

5. 景观性

植被群落的景观性需要重视植被与边坡的协调，考虑边坡的整体美化效果，尽可能减少非自然的支护形式，达到恢复边坡自然生态景观的目的。

随着人们环保意识的增强和生态环境保护国家战略的实施，生态防护技术的思想和设计体系正在逐步完善。现有的设计主要表现在三个方面：第一，植被防护和工程保护相结合，增强边坡的深层、浅层稳定性，提高边坡生态性；第二，以乡土植物为主，植被的抗逆性需较强且后期养护简单；第三，重视植被群落设计。在保证安全的基础上，加强生态性和景观性设计，选择混播技术，促进各类植物、质地色彩、支护形式等方面的相互搭配和环境协调，最终形成安全、优美、生态、和谐的边坡工程。

7.2 煤系土边坡植被群落稳定性研究

GFRP 锚网植被边坡长期稳定性的关键在于坡面多种植物形成自我稳定的群落结构。现有很多实际工程边坡生态修复完工后在天然条件下植被不能自我繁衍和协调周边的环境，经常出现边坡冲刷、植被发育不良、护坡功能丧失等通病。本节将 GFRP 锚网植被护坡技术应用于实际煤系土边坡工程中，分析坡面的植被群落形成过程和研究植被群落指标变化规律。

7.2.1 施工技术方案与监测方案

2018 年 5—6 月经过现场的调研，选取昌栗高速 K207 煤系土边坡一段进行 GFRP 锚网植被护坡技术，边坡坡度约为 45°。草灌植物选取香根草和多花木兰，香根草和多花木兰的种子经过播种研究确定用量分别为 15 g/m²、60 g/m²。基材采用第 3 章生态基材最优配方。为了定量研究植被群落形成，项目组监测了植被群落指标（植物的覆盖率、高度和密度）。覆盖率的测量方法是用单反相机对坡面进行拍照。为了定量分析植被覆盖率的空间动态，利用软件 IPP 6.0 将绿色重新上色为黑色，其余颜色重新上色为白色。植物密度测量方法是在坡面随机取 10 cm × 10 cm 范围测量植物的个数，草本植物和灌木植物的高度测量工具为卷尺。每一个时间段植被群落指标随机测量 5 次，最终测量结果取平均值。

7.2.2　植物群落形成研究

1. 覆盖度变化

如图 7.1 所示，GFRP 锚网植被边坡在生态修复 3 年中草灌生长良好，覆盖率较高，未发现有浅层溜坍、滑移等灾害和降雨冲刷痕迹。

植物的覆盖率是指边坡植物的冠层面积与边坡总面积的百分比，是植物群落形成的基本数量特征，一般以覆盖率达到 85% 作为坡面植物绿化期，如图 7.2 所示。

（a）未防护煤系土边坡

（b）3 个月的植被生长状况（2018 年 9 月）

（c）半年的植被生长（2018 年 12 月）

（d）3 年的植被生长（2021 年 7 月）

图 7.1　煤系土边坡生态防护效果

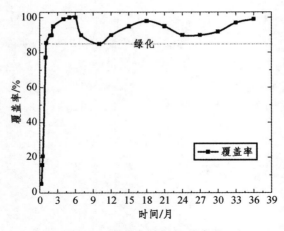

图 7.2 覆盖率随时间的变化

由图 7.2 可知，植物的覆盖率在施工后 2 个月达到 85%，说明绿化期比较短，早期可以起到一定抗冲刷作用；2 个月后草灌植被覆盖率一直保持在 85%以上，但会出现波动，这是因为草灌植被经历了部分茎叶在秋冬季节的枯萎导致覆盖率下降，春夏季植被出现茎叶重新生长和新的植物发芽增加了植被的覆盖率。

2. 植物密度变化

香根草和多花木兰植物分别在播种之后第 8 天和第 5 天开始发芽。植物密度随时间的变化如图 7.3 所示。

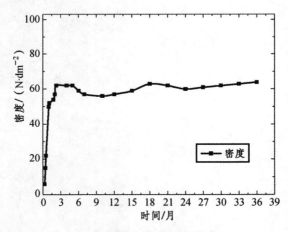

图 7.3 植物密度随时间的变化

由图 7.3 可知，植被每平方分米密度曲线在整体上分为两个阶段：前半个月为第一阶段，密度增大速度较快，半个月后植被密度停止增加，这说明植被在前半个月发芽结束；第二阶段为半个月之后，植被密度出现波动，即先缓慢减小，说明植被有退化的趋势，出现这种现象的原因是外部环境，比如，冬季时枯萎，夏季时高温和水分

168

不足出现了个别草灌晒死的现象，在春夏季时期新植物的发芽增加了植被的密度。

3. 植物生长高度变化

香根草和多花木兰植物生长高度与时间关系如图 7.4 所示。由图 7.4 可知，在前半个月香根草生长较快，生长高度呈线性增长。从半个月到 6 个月，香根草的生长相对缓慢，在 5.5 个月的测量中只有 20 mm 左右的增长幅度，这说明香根草的生长高度已基本结束，这与香根草的物种特征有关；从 2 个月至 3 个月时，香根草的生长高度有所降低，这主要与春夏交替季节强烈的干湿循环有一定关系；生长高度从 6~9 月呈下降趋势，这是冬季凋谢的结果；在 9 个月后，香根草高度缓慢增加。

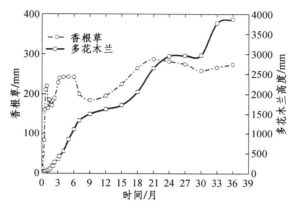

图 7.4　植物生长高度随时间的变化

由图 7.4 可看出，多花木兰的生长高度曲线为 5 个阶段：前 3 个月为第 1 阶段，增长缓慢，多花木兰在 3 个月内总共生长了 580 mm；第 4~8 个月为第 2 阶段，多花木兰生长得更快，每个月生长了约 540 mm；第 9~18 个月为第 3 阶段，多花木兰生长缓慢，每个月仅生长了约 50 mm；第 19~24 个月为第 4 阶段，多花木兰生长加速；第 25 个月后为第 5 阶段，多花木兰生长缓慢，每个月生长了约 21 mm。这说明多花木兰的生长主要集中在 4~8 个月和 19~24 个月，这与当地的季节有关，多花木兰在春夏季节生长较快，在秋冬季节生长较缓慢。

由以上对覆盖度、密度和生长高度的分析可知，3 个群落指标在经历两次夏季强降雨和秋季干旱考验后出现缓慢减小，经历自然环境优胜劣汰法则，大部分草灌植物生命力顽强且存活下来。虽然草灌植物在恶劣环境下出现了一些波动，但在正常降雨和温度适宜情况下坡面植物快速生长并恢复。坡面植物施工两年后出现一些参差不齐和杂乱无章的现象，这是优胜劣汰的自然选择结果，草灌植物形成的植被群落结构最终趋于稳定，基本达到自我繁衍的目的。

7.3 GFRP 锚网植被防护煤系土边坡生态效果研究

生态破坏的煤系土边坡经过了 GFRP 锚网植被护坡技术后需要进行生态效果评价，从而对该技术生态效果的优劣进行反馈。目前，常见的定量评价方法有层次分析法、网络神经法、综合评价指数法和加权几何平均法等。层次分析法是指通过建立层次评价指标体系及其权重排序来定量和定性评价护坡效果的方法；模糊综合评价法是指通过考虑隶属度函数和采用模糊统计法对影响因素进行量化研究的方法；模糊层次分析法则是指把层次分析法和模糊综合评价法有机结合起来，综合定性和定量评价边坡生态防护效果的方法。

为了分析煤系土边坡的 GFRP 锚网植被防护效果，本章采用模糊层次综合评价法建立 GFRP 锚网植被防护生态效果评价体系，分析了 GFRP 锚网植被护坡技术现场的生态效果。

7.3.1 模糊层次综合评价法建立

1. 评价指标的确定

模糊层次综合评价法的关键在于建立层次结构。该层次结构需要有递接层次，通常采用层次分析法（AHP）中的递接层次法。该方法具有 3 个层次：目标层、准则层和指标层，如图 7.5 所示。

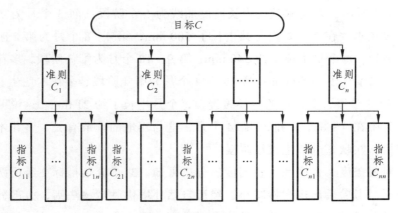

图 7.5　递接层次法

为了综合评定 GFRP 锚网植被防护煤系土边坡的生态效果，我们建立了 4 个准则和 15 个指标的评价体系。4 个准则取水土保持效应、改良效应、生态效应和景观效应。根据专家建议和 IBM SPSS Statistics 23 软件的统计分析，确定准则下的 15 个指标如图

7.6 所示。

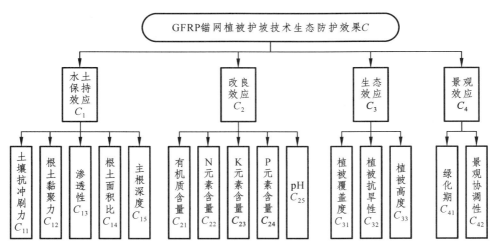

图 7.6　煤系土边坡生态防护评价指标的确定

2. 评价指标权重的确定

（1）构建各级判断矩阵。根据专家建议及对评价指标状况的了解，取分值区间[1，9]对各定性指标的重要值进行分析打分，形成判断矩阵（**C**），即：

$$\boldsymbol{C}=\begin{pmatrix} c_{11} & \cdots & c_{1n} \\ \vdots & & \vdots \\ c_{n1} & \cdots & c_{nn} \end{pmatrix} \tag{7.1}$$

式中：c_{ij} 表示元素 c_i 对元素 c_j 的重要值。

（2）确定判断矩阵的最大特征值（$\lambda_{\max}$）和指标权重（ω）。最大特征值（$\lambda_{\max}$）的获得需要先由判断矩阵确定特征向量（η），即：

$$\eta = \frac{\sqrt[n]{\prod_{j=1}^{n} c_{ij}}}{\sum \sqrt[n]{\prod_{j=1}^{n} c_{ij}}} \tag{7.2}$$

最大特征值（$\lambda_{\max}$）为：

$$\lambda_{\max} = \left(\frac{1}{n}\right)\sum_i \left(\frac{\sum_j c_{ij}\eta_j}{\eta_j}\right) \tag{7.3}$$

式中：$i = 1, \cdots, n$，$j = 1, \cdots, n$。

（3）检验一致性。判断指标权重（ω）是否有效需要检验一致性，可由一致性指标和比率两个指标进行检验，即：

$$I_c = \frac{(\lambda_{max} - n)}{n - 1} \tag{7.4}$$

$$R_c = \frac{I_c}{I_n} \tag{7.5}$$

式中：n 为矩阵阶数；

I_n 为随机 n 阶一致性指标，$I_4 = 0.89$。

通过一致性的条件为：

$$\lambda_{max} = n, \ I_c = 0 \text{ 或 } R_c < 0.1 \tag{7.6}$$

3. 评分等级的确定

根据对现场的调研和专家建议法的内容，确定煤系土生态防护评价指标分为 5 级（优 s_1、良 s_2、中 s_3、差 s_4、劣 s_5）。表 7.1 为煤系土生态防护评价指标的分级标准。

表 7.1　煤系土生态防护评价指标的评分等级

评价指标	分级标准				
	优 s_1	良 s_2	中 s_3	差 s_4	劣 s_5
土壤抗冲刷力/kN	>100	90～80	80～70	70～60	<60
根-土黏聚力/kPa	>30	30～25	25～20	20～15	<15
渗透性/（mm·h⁻¹）	>30	30～20	20～10	10～5	<5
根土面积比	>0.5	0.5～0.4	0.4～0.3	0.3～0.2	<0.1
主根深度/m	>3.5	3.5～3.0	3.0～2.5	2.5～2.0	<2.0
有机质含量/（g·kg⁻¹）	>30	30～20	20～10	10～5	<5
N 元素含量/（g·kg⁻¹）	>80	80～60	60～40	40～20	<20
K 元素含量/（g·kg⁻¹）	>200	200～150	150～100	100～50	<50
P 元素含量/（mg·kg⁻¹）	>30	30～20	20～10	10～5	<5
pH	>8.0	8.0～7.5	7.5～7.0	7.0～6.5	<6.5
植被覆盖度/%	>90	90～85	85～80	80～70	<70
植被抗旱性	很好	好	一般	差	很差
灌木高度/m	>2.0	2.0～1.5	1.5～1.0	1.0～0.5	<0.5
绿化期/a	<0.5	0.5～1.0	1.0～1.5	1.5～2.0	>2.0
景观协调性	很好	好	一般	差	很差

4．权重向量计算

（1）定性评价指标的确定。

由专家根据自身的经验知识打分确定评价指标的隶属度，定性评价指标 u_{ij} 对评分等级 v_{ij} 的隶属度 r_{ij} 为：

$$r_{ij} = \frac{m}{n} \qquad (7.7)$$

式中：n 表示专家评定指标的数量；

m 表示评价指标；

u_{ij} 为评分等级 s_j 的专家人数。

（2）定量评价指标的确定。

定量评价指标需要根据类型进行标准化，使其取值范围为区间[0，1]，然后计算其隶属度，接近 1 的值表示有更好的隶属度。隶属度计算过程如下：

令 u_{ij}^k 为评价目标 k 的第 i 个指标值 u_i^k 隶属于评分等级 s_j 的隶属度，则 5 个评价等级 $s = (s_1 \quad s_2 \quad s_3 \quad s_4 \quad s_5)$ 的指标隶属度 $u_i = (u_{i1} \quad u_{i2} \quad u_{i3} \quad u_{i4} \quad u_{i5})$。

正向型指标隶属度：

$$r_{ij}^k = \left| \frac{u_i^k - u_{i(j+1)}}{u_{ij} - u_{i(j+1)}} \right|, j = 0, 1, 2, 3, 4 \qquad (7.8)$$

负向型指标隶属度：

$$r_{ij}^k = \left| \frac{u_i^k - u_{i(j-1)}}{u_{ij} - u_{i(j-1)}} \right|, j = 0, 1, 2, 3, 4 \qquad (7.9)$$

将指标权重矩阵与对应的隶属度矩阵相乘即可得到准则隶属度 U_j。

5．综合判断

对多层次指标进行模糊综合评定，目标评价等级也分为 5 个（优、良、中、差、劣），评价等级数值区间和平均值见表 7.2。

表 7.2　目标评价等级

评价等级	优	良	中	差	劣
区间	[9.0～10.0）	[7.0～9.0）	[5.0～7.0）	[3.0～5.0）	（0～3.0）
平均值	9.5	8.0	6.0	4.0	1.5

令准则综合评价集为 $B = (b_1 \quad b_2 \quad b_3 \quad b_4 \quad b_5)^T$，将指标权重矩阵与对应的隶属度矩

阵相乘即可得到 GFRP 锚网植被护坡技术生态效果评价的目标综合评价等级 W。

$$W = U \times (b_1 \quad b_2 \quad b_3 \quad b_4 \quad b_5)^T \tag{7.10}$$

7.3.2 结果分析

1. 指标权重向量确定

根据专家建议及对评价指标状况的了解，取分值区间 [1，9] 对各定性指标的重要值进行分析打分，形成煤系土边坡 GFRP 锚网植被防护生态效果指标判断矩阵，见表 7.3。判断矩阵的最大特征值 $\lambda_{\max} = 4.003$，一致性指标 $I_c = 0.001$，一致性比率 $R_c = 0.011 < 0.1$，符合一致性要求。指标权重向量 $v = \{0.354、0.317、0.189、0.140\}$。煤系土 GFRP 锚网植被防护评价指标的指标权重见表 7.4。

表 7.3　指标判断矩阵

C	C_1	C_2	C_3	C_4
C_1	1.00	1.12	1.87	2.53
C_2	0.90	1.00	1.68	2.26
C_3	0.53	0.60	1.00	1.35
C_4	0.40	0.44	0.74	1.00

表 7.4　煤系土边坡 GFRP 锚网植被防护评价指标的指标权重

准则	权重 v	评价指标	权重	总权重 v	排名
水土保持效应（C_1）	0.354	土壤抗冲刷力（C_{11}）	0.146	0.052	10
		根-土黏聚力（C_{12}）	0.319	0.113	2
		渗透性（C_{13}）	0.174	0.062	8
		根土面积比（C_{14}）	0.084	0.030	12
		主根深度（C_{15}）	0.277	0.098	3
改良效应（C_2）	0.317	有机质含量（C_{21}）	0.357	0.113	1
		N 元素含量（C_{22}）	0.254	0.081	4
		K 元素含量（C_{23}）	0.184	0.058	9
		P 元素（C_{24}）	0.124	0.039	11
		pH（C_{25}）	0.081	0.026	13

准则	权重 v	评价指标	权重	总权重 v	排名
生态效应（C_3）	0.189	植被覆盖度（C_{31}）	0.300	0.076	5
		植被抗旱性（C_{32}）	0.400	0.007	15
		灌木高度（C_{33}）	0.300	0.003	14
景观效应（C_4）	0.140	绿化期（C_{41}）	0.500	0.070	6
		景观协调性（C_{42}）	0.500	0.070	6

2. 隶属度矩阵确定

现场调查和试验得到生态效果评价指标见表7.5。

表 7.5 煤系土生态防护评价指标数据

评价指标	指标数据
土壤抗冲刷力/kN	101.0
根-土黏聚力/kPa	31～37
渗透性/（mm·h^{-1}）	7.68～18.90
根土面积比	0.42～1.24
主根深度/m	2.74～3.75
有机质含量/（g·kg^{-1}）	21.57～31.54
N 元素含量/（g·kg^{-1}）	35.81～65.58
K 元素含量/（g·kg^{-1}）	121.00～187.00
P 元素/（mg·kg^{-1}）	19.64～30.54
pH	6.94～8.14
植被覆盖度/%	87.00～100.00
植被抗旱性	好～很好
灌木高度/m	1.10～3.00
绿化期/a	0.30
景观协调性	好～很好

根据专家调查法，对 4 个准则（水土保持效应、改良效应、生态效应和景观效应）

的模糊综合评定意见进行整理和计算，得到 4 个准则对应的指标等级隶属度评价矩阵（ u_1 、 u_2 、 u_3 和 u_4 ）。

$$u_1 = \begin{pmatrix} 0.1 & 0.4 & 0.3 & 0.2 & 0 \\ 0.3 & 0.6 & 0.1 & 0 & 0 \\ 0 & 0.7 & 0.3 & 0 & 0 \\ 0.8 & 0.2 & 0 & 0 & 0 \\ 1 & 0 & 0 & 0 & 0 \end{pmatrix} \quad u_2 = \begin{pmatrix} 0.1 & 0.9 & 0 & 0 & 0 \\ 0 & 0.6 & 0.4 & 0 & 0 \\ 0 & 0.7 & 0.3 & 0 & 0 \\ 0.1 & 0.7 & 0.2 & 0 & 0 \\ 0.2 & 0.5 & 0.3 & 0 & 0 \end{pmatrix}$$

$$u_3 = \begin{pmatrix} 0.9 & 0.1 & 0 & 0 & 0 \\ 0.4 & 0.6 & 0 & 0 & 0 \\ 0.7 & 0.3 & 0 & 0 & 0 \end{pmatrix} \quad u_4 = \begin{pmatrix} 1 & 0 & 0 & 0 & 0 \\ 0.7 & 0.3 & 0 & 0 & 0 \end{pmatrix}$$

$$U = \sum_{j=0}^{4} C_j^{\mathrm{T}} \cdot (u_1 \quad u_2 \quad u_3 \quad u_4) = \begin{pmatrix} 0.0517 \\ 0.1129 \\ 0.0616 \\ 0.0297 \\ 0.0981 \\ 0.1132 \\ 0.0805 \\ 0.0583 \\ 0.0393 \\ 0.0257 \\ 0.0756 \\ 0.0067 \\ 0.0034 \\ 0.0700 \\ 0.0700 \end{pmatrix} \times \begin{pmatrix} 0.1 & 0.4 & 0.3 & 0.2 & 0 \\ 0.3 & 0.6 & 0.1 & 0 & 0 \\ 0 & 0.7 & 0.3 & 0 & 0 \\ 0.8 & 0.2 & 0 & 0 & 0 \\ 1 & 0 & 0 & 0 & 0 \\ 0.1 & 0.9 & 0 & 0 & 0 \\ 0 & 0.6 & 0.4 & 0 & 0 \\ 0 & 0.7 & 0.3 & 0 & 0 \\ 0.1 & 0.7 & 0.2 & 0 & 0 \\ 0.2 & 0.5 & 0.3 & 0 & 0 \\ 0.9 & 0.1 & 0 & 0 & 0 \\ 0.4 & 0.6 & 0 & 0 & 0 \\ 0.7 & 0.3 & 0 & 0 & 0 \\ 1 & 0 & 0 & 0 & 0 \\ 0.7 & 0.3 & 0 & 0 & 0 \end{pmatrix}$$

$$= (0.3734 \quad 0.4024 \quad 0.1105 \quad 0.0103 \quad 0)$$

3. 综合判断

准则综合评价集取平均值 $B = (9.5 \quad 8 \quad 6 \quad 4 \quad 1.5)^{\mathrm{T}}$ ，GFRP 锚网植被防护煤系土生态效果目标评价的综合评价结果 W 为：

$$W = U \times (b_1 \quad b_2 \quad b_3 \quad b_4 \quad b_5)^{\mathrm{T}}$$
$$= 9.5 \times 0.3734 + 8 \times 0.4024 + 6 \times 0.1105 + 4 \times 0.0103 + 1.5 \times 0.000$$
$$= 7.4707$$

目标综合评价 W 为 7.4707，说明 GFRP 锚网植被防护昌栗高速 K207 煤系土浅层边坡的生态效果评价等级为"良好"。模糊层次综合评价法的评价结果与现场分析结果一致，说明其评价方法有效，GFRP 锚网植被护坡技术生态效果良好。

7.4 本章小结

本章进行了植被群落形成研究和探讨了 GFRP 锚网植被护坡技术的生态护坡效果，得出了以下结论：

（1）从覆盖度、密度和生长高度的分析可知，3 个植被群落指标在经历两次夏季强降雨和冬季干旱考验后出现一定的波动，这是经历优胜劣汰的自然法则结果，草灌植物形成的植被群落结构最终趋于稳定，基本达到自我繁衍的目的。煤系土边坡植被推荐采用草本植物香根草和多花木兰的木本植物。

（2）基于模糊层次综合分析法，提出了煤系土边坡 GFRP 锚网植被护坡技术效果评价体系；运用该评价体系可较好地评价煤系土边坡生态防护，经过评价结果可知 GFRP 锚网植被护坡技术对煤系土边坡的生态修复效果较好。

第 8 章　主要结论与认识

8.1　主要结论

针对煤系土浅层边坡病害的问题，项目组通过现场调研总结了煤系土边坡失稳形式，开展室内试验、模型试验和数值分析研究煤系土浅层边坡滑移机理，针对性地提出了 GFRP 锚网植被护坡技术，研究了 GFRP 锚网植被护坡的受力变形特性，提出了基于不同时效的 GFRP 锚网植被护坡技术设计计算方法，评价了 GFRP 锚网植被护坡生态防护效果，得到以下主要成果和认识：

（1）总结了煤系土浅层边坡失稳形式和研究了煤系土浅层边坡滑移机理。研究结果表明：

① 煤系土边坡的失稳形式可分为风化剥落、崩塌、溜坍和浅层滑移 4 类，其中浅层滑移数量占比超过一半。

② 干湿循环和含水率增大使煤系土的黏聚力产生明显的衰减；黏聚力的衰减度随着干湿循环次数和含水率的增加呈指数型增加。

③ 煤系土浅层滑移过程可分为坡面形成干燥裂缝、坡肩侵蚀和坡脚侵蚀、坡后缘裂缝的扩展、浅层滑移 4 个阶段。

④ 煤系土浅层边坡滑移形成机理：边坡浅层煤系土在干湿交替作用下产生裂缝，裂缝为雨水的渗透提供了优势通道，加速了雨水向土壤中入渗，导致裂缝区域含水率和孔隙水压力快速增加，从而引发了煤系土边坡的溜坍或蠕滑-拉断-滑移型模式的浅层滑移现象。

（2）建立降雨入渗条件下的考虑暂态饱和区径流的改进 Green-Ampt 入渗模型，并计算出了边坡溜坍和浅层滑移的下滑力；通过对 GFRP 锚杆的力学试验得出了 GFRP 锚杆的抗拉强度与抗剪强度随腐蚀时间的变化规律；在现场植被调研的基础上，煤系土边坡植被防护推荐采用草本植物香根草和灌木植物多花木兰，煤系土基材的最优配方为煤系土-客土比为 500 g : 500 g，粉煤灰水泥含量为 45 g/kg，玉米秸秆含量为 50 g/kg，保水剂用量为 2 g/kg；通过以上 3 个方面研究提出了 GFRP 锚网植被护坡技术。

（3）GFRP 锚网植被护坡的模型试验研究结果表明：

① 植物根系存在可以减小边坡的水平位移，中期生态坡比早期裸坡的水平位移减小约 49.07%，故在进行浅层边坡防护时，中期生态坡的护坡效果更好。

② 中期生态坡的锚杆最大应变为早期裸坡锚杆的 72.91%，峰值轴力仅为早期裸坡锚杆的 63.15%，峰值剪应力仅为早期裸坡锚杆的 72.12%。故植被根系可以减小锚杆的应力应变，植物根系发挥加筋和锚固特性，降低因锚杆退化产生的边坡破坏概率。

③ 全风化层的根土面积比随植物生长时间的增加呈指数型增大；根-土复合体的黏聚力随着生长时间的增加而增大；随植物生长时间增加，根强度增大，根系对边坡加筋作用增强。

（4）根据敏感性分析，影响 GFRP 锚网植被护坡稳定性的因素敏感性大小顺序依次为边坡坡度、内摩擦角、黏聚力、锚杆长度、根系深度、锚杆间距、根系间距；根据可靠度设计可知边坡坡度设计应控制 60°以内，锚杆长度应在 4 m 以上；通过数值分析手段得出在暴雨作用下不同时期 GFRP 锚网植被护坡技术防护边坡处于稳定状态。

（5）提出了不同时效的 GFRP 锚网植被护坡技术设计计算方法。通过二线型剪切滑移模型获得了不同时间 GFRP 锚杆的轴应力和剪应力分布的闭合解，建立了植被根系生长的土体黏聚力和锚固力计算公式，然后建立了降雨作用下 GFRP 锚网植被边坡的 3 个潜在滑面（基材层、全风化煤系土层和湿润锋）稳定计算模型并根据实例设计 GFRP 锚网植被主要参数，最后分析了不同降雨强度对 GFRP 锚网植被边坡的稳定性影响。结果表明，在特大暴雨时该技术设计的中期 GFRP 锚网植被边坡处于稳定状态。

（6）生态效果评价是检验 GFRP 锚网植被护坡效果的重要内容。根据现场对植被群落形成指标（覆盖度、密度和生长高度）的研究，得出植被群落指标在经历两次夏季强降雨和冬季干旱考验后呈现自我繁殖的稳定状态；通过模糊层次综合评价法构建了 GFRP 锚网植被护坡技术效果评价体系，经评价得出 GFRP 锚网植被护坡技术对煤系土边坡工程生态防护效果较好的结论。

8.2 主要创新点

针对昌栗高速公路沿线煤系土浅层边坡失稳破坏，项目组开展了煤系土浅层边坡滑移特征和 GFRP 锚网植被护坡技术防治研究，主要创新点包括：

（1）在探讨煤系土浅层边坡滑移形成机理的基础上，建立了考虑暂态饱和区径流的改进 Green-Ampt 入渗模型和浅层滑移力学模型。

（2）初次提出煤系土浅层边坡稳定和生态保护相协调的 GFRP 锚网植被护坡技术。

（3）提出了基于 GFRP 锚杆退化模型和植物根系增强模型的不同时效 GFRP 锚网植被护坡技术设计计算方法。

参 考 文 献

[1] 郑一晨, 张可能. 湘南煤系地层边坡稳定性分析及案例研究[J]. 土工基础, 2016, 30（2）: 131-135.

[2] 梁恩茂. 京珠北 K98 滑坡分析及治理工程效果评价研究[D]. 昆明理工大学, 2010.

[3] 左文贵, 张家林, 贺勇. 郴州某二叠系煤系土滑坡变形机理分析[J]. 浙江工业大学学报, 2018, 46（6）: 672-676.

[4] 颜阳, 张可能, 刘高鹏. 含水率对郴州煤系土邓肯-张模型参数的影响[J]. 土工基础, 2016, 30（6）: 737-742.

[5] 郭友军, 朱自强, 席飞雁. 降雨作用下煤系土边坡数值模拟[J]. 中国科技信息, 2019, 602（7）: 88-89.

[6] 张晗秋. 干湿循环下煤系土的崩解及抗剪强度特性研究[D]. 南昌: 华东交通大学, 2017.

[7] 祝磊, 洪宝宁. 粉状煤系土的物理力学特性[J]. 岩土力学, 2009, 30（5）: 1317-1322.

[8] 杨文军, 洪宝宁, 周邦艮, 等. 砾状煤系土改良性能的试验研究[J]. 岩土力学, 2012, 33（1）: 96-102.

[9] 韩博, 鲁光银, 郭友军, 等. 基于数字图像测量技术的粉状煤系土微观结构分形特性分析[J]. 地质调查与研究, 2019, 42（2）: 109-116.

[10] 洪秀萍, 梁汉东, 张玉法, 等. 云贵川交界区晚二叠世煤系地层出露风化土的酸性特征[J]. 环境化学, 2017, 36（8）: 1831-1841.

[11] HU X S, BRIERLEY G, ZHU H L, et al. An exploratory analysis of vegetation strategies to reduce shallow landslide activity on loess hillslopes, Northeast Qinghai-Tibet Plateau, China[J]. Journal of Mountain Science, 2013, 10(4): 668-686.

[12] 翁新海, 王家鹏. 降雨入渗对非饱和边坡稳定性影响分析研究[J]. 科技通报, 2018, 34（234）: 188-191.

[13] 胡昕, 洪宝宁, 杜强, 等. 含水率对煤系土抗剪强度的影响[J]. 岩土力学, 2009, 30（8）: 2291-2294.

[14] 祝磊，洪宝宁. 广东云浮砾状煤系土的物理力学特性[J]. 水文地质工程地质，2009，36（1）：86-89.

[15] 刘顺青，洪宝宁，朱俊杰，等. 粉状和砾状煤系土的水敏感性及边坡稳定性分析[J]. 科学技术与工程，2016，16（8）：143-149.

[16] HAN B, LU G Y, ZHU Z Q,et al. Microstructure features of powdery coal-bearing soil based on the digital image measurement technology and fractal theory[J]. Springer International Publishing, 2019, 37(3): 1357-1371.

[17] 张鸿，张榜，丰浩然，等. 基于 DEM-CFD 耦合方法的煤系土边坡失稳机理宏细观分析[J]. 工程科学与技术，2021，53（4）：63-72.

[18] 叶敬彬. 武深高速某复杂煤系地质高边坡病害处治[J]. 广东土木与建筑，2018，25（8）：38-40；75.

[19] 李焕同，陈飞，邹晓艳，等. 湖南新化天龙山岩体侵位对煤系变形变质的构造效应[J]. 煤炭学报，2019，44（7）：2206-2215.

[20] 易巍. 广东省煤系地层不同坡体结构的病害模式及防治对策[J]. 铁道建筑，2015，499（9）：94-97.

[21] 苏少青,李应顺. 浅谈京珠高速公路粤境北段特殊岩土路堑边坡的防护与加固[J]. 广东公路交通，2001，1（3）：52-54.

[22] 姜静,江晓霞. 广清高速公路煤系土路堑边坡设计[J]. 中外公路,2005(5):29-31.

[23] 张毅，韩尚宇，郑军辉. 降雨入渗对含裂隙煤系土边坡稳定性影响分析[J]. 公路工程，2014，39（1）：10-13.

[24] ZHANG H, LIAO W, LIN J, et al. Correlation analysis of macroscopic and microscopic parameters of coal measure soil based on discrete element method[J]. Advances in Civil Engineering, 2019, 2019(5): 1-14.

[25] 祝磊，韩尚宇，洪宝宁，等. 降雨入渗条件下考虑裂隙和风化对煤系土堑坡稳定性影响分析[J]. 水利与建筑工程学报，2010，8（4）：86-89，118.

[26] 郑开欢，罗周全，江宏. 天气因素对排土场生态边坡稳定性的影响[J]. 中国地质灾害与防治学报，2018，29（6）：97-102，120.

[27] 杨继凯，郑明新. 密度及干湿循环影响下的煤系土土-水特征曲线[J]. 华东交通大学学报，2018，35（3）：91-96.

[28] 曾铃，罗锦涛，侯鹏. 干湿循环作用下预崩解炭质泥岩裂隙发育规律及强度特性[J]. 中国公路学报，2020，33（9）：1-12.

[29] 曾铃，付宏渊，周功科，等. 炭质泥岩路堤填料崩解性试验研究[J]. 中外公路，2015，35（2）：28-32.

[30] 付宏渊，刘杰，曾铃，等. 考虑荷载及干湿循环作用的炭质泥岩崩解特征试验[J]. 中国公路学报，2019，32（9）：22-31.

[31] 黄细超，任光明，姚晨辉，等. 浅层滑坡治理的新思路：以打尔勒克滑坡为例[J]. 长江科学院院报，2016，33（9）：52-56.

[32] 徐希武. 煤系地层边坡监测与稳定性研究[D]. 长沙：中南大学，2012.

[33] 崔志波，曹卫文，唐红梅. 煤系地层公路高切坡稳定性评价[J]. 重庆交通大学学报（自然科学版），2008，27（6）：1108-1111；1163.

[34] 尹琼，刘强，何书. 平顶形煤系土边坡长期破坏规律及稳定性分析[J]. 江西理工大学学报，2019，40（1）：68-73.

[35] XIA X, LIANG Q. A GPU-accelerated smoothed particle hydrodynamics (SPH) model for the shallow water equations[J]. Environmental Modelling and Software,2016: 28-43.

[36] WU L Z, ZHANG L M,ZHOU Y, et al. Theoretical analysis and model test for rainfall-induced shallow landslides in the red-bed area of Sichuan[J]. Bulletin of Engineering Geology and the Environment, 2018, 77(4): 1343-1353.

[37] PRADHAN A, LEE S, KIM Y. A shallow slide prediction model combining rainfall threshold warnings and shallow slide susceptibility in Busan, Korea[J]. Springer Berlin Heidelberg, 2019, 16(3):1-10.

[38] CHIU Y, CHEN H, YEH K. Investigation of the influence of rainfall runoff on shallow landslides in unsaturated soil using a mathematical model[J]. Water, 2019, 11(6): 1-17.

[39] KU C, LIU C, SU Y, et al. Transient modeling of regional rainfall-triggered shallow landslides[J]. Environmental Earth Sciences, 2017, 76(16): 570.1-570.18.

[40] 孟素云. 降雨条件下边坡非饱和入渗模型及生态加固机理研究[D]. 北京：中国地质大学，2019.

[41] ZHANG J,ZHU D,ZHANG S. Shallow slope stability evolution during rainwater infiltration considering soil cracking state[J]. Computers and Geotechnics, 2020, 117:1-14.

[42] 张龙飞，吴益平，苗发盛，等. 推移式缓倾浅层滑坡渐进破坏力学模型与稳定性分析[J]. 岩土力学，2019，40（309）：4767-4776.

[43] 王述红，何坚，刘欢，等. 非饱和土边坡饱和区降雨强度-时间临界曲线[J]. 东北大学学报（自然科学版），2020，41（361）：1452-1458.

[44] 孙乾征，江兴元. 非饱和理论下各因素变化对浅层滑坡影响[J]. 公路，2020，65

（4）：36-41.

[45] 王启茜,周洪福,符文熹,等. 水流拖曳力对斜坡浅层土稳定性的影响分析[J]. 岩土力学，2019，40（2）：759-766.

[46] SALIH F B,MURAT E. Insights and perspectives into the limit equilibrium method from 2 d and 3 d analyses[J]. Engineering Geology, 2021, 281(1): 105968.

[47] DENG D P,ZHAO L H,LIANG L I. Limit equilibrium analysis for rock slope stability using basic Hoek–Brown strength criterion[J]. Journal of Central South University, 2017, 24(24): 2154-2163.

[48] SUN C, CHEN C,ZHENG Y, et al. Limit-equilibrium analysis of stability of footwall slope with respect to biplanar failure[J]. International Journal of Geomechanics, 2020, 20(1):1-12.

[49] PANAGIOTIS S, FRANCESCA C. The hydromechanical interplay in the simplified three-dimensional limit equilibrium analyses of unsaturated slope stability[J]. Geosciences, 2021, 11(2):73.

[50] ZHOU X,CHENG H. The long-term stability analysis of 3 d creeping slopes using the displacement-based rigorous limit equilibrium method[J]. Engineering Geology, 2015, 195:292-300.

[51] WANG Z,YANG X,LI A,et al. Upper bound limit stability analysis for soil slope with nonuniform multiparameter distribution based on discrete algorithm[J]. Advances in Civil Engineering, 2020, 2020(4):1-9.

[52] MONTRASIO L, SCHILIRÒ L, TERRONE A. Physical and numerical modelling of shallow landslides[J]. Landslides, 2015:1-11.

[53] RAN Q, HONG Y, LI W, et al. A modelling study of rainfall-induced shallow landslide mechanisms under different rainfall characteristics[J]. Journal of Hydrology, 2018, 563: 790-801.

[54] OKADA Y,KONISHI C. Geophysical features of shallow landslides induced by the 2015 Kanto-Tohoku heavy rain in Kanuma city,Tochigi Prefecture,Japan[J]. Landslides: Journal of the International Consortium on Landslides, 2019, 16(12): 2469-2483.

[55] 杜强,周健. 基于离心模型试验的降雨诱发滑坡宏细观机理研究[J]. 岩土工程学报，2020，42（357）：50-54.

[56] 赵建军,李金锁,马运韬,等. 降雨诱发采动滑坡物理模拟试验研究[J]. 煤炭学报，2020，45（305）：760-769.

[57] ZHANG M,YANG L, REN X, et al. Field model experiments to determine mechanisms of rainstorm-induced shallow landslides in the Feiyunjiang River basin,China[J]. Engineering Geology, 2019, 262: 105348.

[58] SUN P, WANG G, WU L Z, et al. Physical model experiments for shallow failure in rainfall-triggered loess slope,Northwest China[J]. Bulletin of Engineering Geology and the Environment, 2019, 78(6): 4363-4382.

[59] LEE K,SUK J, KIM H, et al. Modeling of rainfall-induced landslides using a full-scale flume test[J]. Landslides, 2020(1): 1-10.

[60] 王森，许强，罗博宇，等. 南江县浅层土质滑坡降雨入渗规律与成因机理[J]. 长江科学院院报，2017，34（8）：96-100；105.

[61] KIM M S, ONDA Y, KIM J K,et al. Effect of topography and soil parameterisation representing soil thicknesses on shallow landslide modelling[J]. Pergamon,2015,384: 91-106.

[62] BORDONI M, MEISINA C, VALENTINO R, et al. Hydrological factors affecting rainfall-induced shallow landslides: from the field monitoring to a simplified slope stability analysis[J]. Engineering Geology, 2015, 193: 19-37.

[63] HO J, LEE K T. Performance evaluation of a physically based model for shallow landslide prediction[J]. Landslides, 2017, 14(3): 1-20.

[64] LIU L, WANG Y. Probabilistic simulation of entire pr Cess of rainfall-induced landslides using random finite element and material point methods with hydro-mechanical coupling[J]. Computers and Geotechnics, 2021, 132: 103989.

[65] 汪磊，尚岳全. 外部降雨条件和内部瞬态承压水作用对堆积层滑坡的影响分析和数值模拟[J]. 水土保持通报，2020，40（238）：141-145；151.

[66] LIM K,LI A J,Schmid A,et al. Slope-stability assessments using finite-element limit-analysis methods[J]. International Journal of Geomechanics, 2017, 17(2): 06016017.

[67] SIMON O, FRANZ T, HELMUT F. Finite element analyses of slope stability problems using non-associated plasticity[J]. Journal of Rock Mechanics and Geotechnical Engineering, 2018, 10(10): 1091-1101.

[68] TSCHUCHNIGG F,SCHWEIGER H,SLOAN S. Slope stability analysis by means of finite element limit analysis and finite element strength reduction techniques. part i: numerical studies considering non-associated plasticity[J]. Computers and Geotechnics, 2015, 70: 169-177.

[69] 张家明. 植被发育斜坡非饱和带土体大孔隙对降雨入渗影响研究[D]. 昆明理工大学，2013.

[70] 成永刚. 滑坡的区域性分布规律与防治方案研究[D]. 成都：西南交通大学，2013.

[71] 连继峰，罗强，蒋良潍，等. 顺坡渗流条件下土质边坡浅层稳定分析[J]. 岩土工程学报，2015，37（8）：1440-1448.

[72] 李修磊，陈洪凯，李金凤，等. 基于非饱和土强度理论的土质边坡浅层破坏稳定性分析[J]. 工程科学与技术，2019，51（2）：61-70.

[73] 彭煌. 考虑软化影响深度的土坡浅表层稳定性分析方法研究[J]. 路基工程，2020，208（1）：85-89.

[74] GAO Y, SONG W, ZHANG F, et al. Limit analysis of slopes with cracks: comparisons of results[J]. Engineering Geology,2015,188: 97-100.

[75] 连继峰，罗强，张文生，等. 基于圆弧-平面组合滑动模式的路基土质边坡浅层稳定分析[J]. 水利水电技术，2019，50（1）：18-24.

[76] 赵洪宝，李华华，王中伟. 边坡潜在滑移面关键单元岩体裂隙演化特征细观试验与滑移机制研究[J]. 岩石力学与工程学报，2015，34（5）：935-944.

[77] ZHANG J, LUO Y, ZHOU Z, et al. Research on the rainfall-induced regional slope failures along the Yangtze River of Anhui,China[J]. Landslides, 2021, 18(5): 1801-1821.

[78] 陈林万，张晓超，裴向军，等. 降雨诱发直线型黄土填方边坡失稳模型试验[J]. 水文地质工程地质，2021: 1-11.

[79] 周崎，张家铭，宁伏龙，等. 降雨入渗下裂土边坡水分运移时空特征与失稳机理[J]. 交通运输工程学报，2020，20（4）：107-119.

[80] 李龙起，赵瑞志，王滔，等. 软硬互层边坡降雨失稳过程力学响应研究[J]. 三峡大学学报（自然科学版），2021，43（3）：37-41.

[81] 陈乔，徐烽淋，朱洪林，等. 基于降雨滑坡模型的两种边坡破坏模式研究[J]. 水利水电技术，2018，49（4）：138-144.

[82] 曾泽民. 粤北山区煤系地层高边坡稳定性分析及治理设计[J]. 路基工程，2017，194（5）：188-192.

[83] 宋威. 旋挖桩在煤系地层滑坡处理中的应用研究[J]. 智能城市，2021，7（14）：52-53.

[84] 李昌龙，姬同旭，魏小楠. 某公路下伏煤系地层路堑边坡滑坡悬臂抗滑桩偏位治理研究[J]. 路基工程，2020（4）：205-211.

[85] 魏东旭，李广景，刘正银，等. 粤北山区煤系地层滑坡机理分析与病害处治研究

[J]. 中外公路，2019，39（2）：23-27.

[86] 徐博，王启亮，吕义清，等. 磺厂沟流域煤系地层边坡崩塌成因机制及治理[J]. 人民长江，2017，48（21）：80-83.

[87] 张祝安，李昌龙. 公路煤系地层基座边坡悬臂抗滑桩桩身位移控制设计分析[J]. 公路，2019，64（9）：183-187.

[88] 国务院关于全面加强生态环境保护坚决打好污染防治攻坚战的意见[J]. 砖瓦，2018，367（7）：87.

[89] 尉学勇，车晶. 太原市某古滑坡局部复活的稳定性评价及其治理对策[J]. 中外公路，2020，40（S2）：68-73.

[90] 职雨风，袁坤. 某高速公路路堑顺层边坡滑动机理及处理对策分析[J]. 路基工程，2019（1）：234-240.

[91] 邓友生，孙雅妮，赵明华，等. 微型桩-香根草协同护坡试验与计算研究[J]. 中国公路学报，2020，33（7）：68-75.

[92] 邓友生，梅靖宇，王欢，等. 铁路边坡生态防护应用研究[J]. 建筑技术，2017，48（9）：996-998.

[93] 孙子钧. 江罗高速人字形骨架防护设计优化[J]. 北方交通，2016（278）：110-112.

[94] 何江飞. 高陡黄土边坡加固工程加筋土-框锚结构作用机理研究[D]. 北京：中国地质大学，2020.

[95] 张家明，陈积普，杨继清，等. 中国岩质边坡植被护坡技术研究进展[J]. 水土保持学报，2019，33（5）：1-7.

[96] 胡林. 高寒地区水蚀发育机理及公路边坡水蚀生态防控技术研究[D]. 西安理工大学，2016.

[97] 叶建军，王波，李虎，等. 曼大公路 NK-SG4 标段路堤边坡生态防护试验研究[J]. 公路，2019，64（11）：246-251.

[98] 梁迪，宋鹏，韩晓雷. 柔性面层土钉墙室内模型试验研究[J]. 工业建筑，2018，48（1）：97-102.

[99] 王淑英，周富华，钟守宾. 寨任路炭质泥岩边坡稳定性研究及防治措施[J]. 广西交通科技，2003，28（2）：42-45.

[100] 汪敏，石少卿，阳友奎. 边坡主动防护网力学性能的试验与数值分析[J]. 土木建筑与环境工程，2011，33（S2）：24-28.

[101] 刘泽，陈丽，何矾，等. 边坡筋锚三维网柔性防护结构的稳定性分析[J]. 水利水电科技进展，2020，40（4）：65-70.

[102] 何矾，刘泽，陈丽，等. 坡顶超载下加筋三维网-锚杆防护边坡的模型试验[J]. 岩

石力学与工程学报，2020，39（S1）：2665-2673.

[103] 何矾. 筋锚三维网柔性防护边坡试验研究与稳定性分析[D]. 湘潭：湖南科技大学，2020.

[104] 王云. 土工三维网垫防护边坡整体稳定性分析[D]. 济南：山东大学，2016.

[105] 陈婷婷. 地震及降雨条件下三维网垫防护体系的稳定性研究[D]. 济南：山东大学，2016.

[106] 卢涛. 岩质边坡锚杆-土工网垫喷播植草生态护坡坡植生层稳定性试验及数值模拟研究[D]. 青岛理工大学，2015.

[107] ALVAREZ-MOZOS J, ABADE, GIMENEZ R, et al. Evaluation of erosion control geotextiles on steep slopes Part 1: Effects on runoff and soil loss[J]. Catena, 2014, 118: 168-178.

[108] 王广月，王艳，徐妮. 三维土工网防护边坡侵蚀特性的试验研究[J]. 水土保持研究，2017，24（1）：79-83.

[109] 白晓宇，匡政，张明义，等. 全螺纹 GFRP 抗浮锚杆与混凝土底板黏结锚固性能的试验研究[J]. 材料导报，2019，33（18）：3035-3042.

[110] 黄代茂，汪小静，赵文. BFRP 锚杆公路岩质边坡加固工程应用研究[J]. 中国公路，2020，40（4）：7-11.

[111] WANG Y, ZHU W, ZHANG X, et al. Influence of thickness on water absorption and tensile strength of BFRP laminates in water or alkaline solution and a thickness-dependent accelerated ageing method for BFRP laminates[J]. Applied Sciences, 2020, 10(10): 3618.

[112] 曾宪明，雷志梁，张文巾，等. 关于锚杆"定时炸弹"问题的讨论：答郭映忠教授[J]. 岩石力学与工程学报，2002（1）：143-147.

[113] 王潇寒. 喷锚网施工技术在公路工程中的应用[J]. 交通世界，2021（9）：106-107.

[114] KABIR M I, SAMALI B, SHRESTHA R. Pull-out strengths of GFRP-concrete bond exposed to applied environmental conditions[J]. International Journal of Concrete Structures and Materials, 2017, 11(1): 69-84.

[115] KIM H, PARK Y, YOU Y, et al. Durability of GFRP composite exposed to various environmental conditions[J]. Ksce Journal of Civil Engineering, 2006, 10(4): 291-295.

[116] 徐可，陆春华，宣广宇，等. 温度老化对 GFRP/BFRP 筋残余弯曲性能的影响[J]. 材料导报，2021，35（4）：4053-4060.

[117] 吕承胜. 非金属锚杆性能研究及在公路边坡中的应用[D]. 武汉：华中科技大学，

2015.

[118] 齐俊伟. 盐碱环境下 GFRP 筋及其混凝土构件的耐久性研究[D]. 武汉理工大学，2018.

[119] 罗小勇，唐谢兴，匡亚川，等. 腐蚀环境下 FRP 锚杆耐久性能试验研究[J]. 铁道科学与工程学报，2015，12（6）：1341-1347.

[120] XIAO H, HUANG J, MA Q, et al. Experimental study on the soil mixture to promote vegetation for slope protection and landslide prevention[J]. Springer Berlin Heidelberg, 2017, 14(1): 287-297.

[121] MA Q, HUANG C, XIAO H, et al. Thermal properties of carbon fiber-reinforced lightweight substrate for ecological slope protection[J]. Energies, 2019, 12(15): 2927.

[122] 黄朝纲. 碳纤维-石墨电热生态基材植生与电热性能研究[D]. 湖北工业大学，2020.

[123] 万娟，夏军，肖衡林，等. 基于飞灰利用的公路生态护坡基材研究[J]. 公路，2019，64（11）：224-228.

[124] 张俊云. 岩石边坡植被护坡系统的水分平衡及控制[J]. 岩石力学与工程学报，2013，32（9）：1729-1735.

[125] AUDETTE Y, O'HALLORAN I P, NOWELL P M, et al. Speciation of phosphorus from agricultural muck soils to stream and lake sediments[J]. Journal of Environmental Quality, 2018, 47(4): 25-46.

[126] DU T, WANG D, BAI Y, et al. Optimizing the formulation of coal gangue planting substrate using wastes: the sustainability of coal mine ecological restoration[J]. Ecological Engineering, 2020, 143(C): 1-17.

[127] ZHOU J, LIANG X, SHAN S, et al. Nutrient retention by different substrates from an improved low impact development system[J]. Journal of Environmental Management, 2019, 238: 1-25.

[128] 夏振尧，洪焕，高峰，等. 水泥添加量及其养护时长对基材抗蚀性的影响[J]. 中国水土保持科学（中英文），2021，19（1）：115-121.

[129] 秦健坤，周明涛，杨森，等. 保水剂对植被混凝土生态基材持水特征的影响[J]. 现代农业科技，2017（19）：165-167，174.

[130] 郭建英，何京丽，李锦荣，等. 典型草原大型露天煤矿排土场边坡水蚀控制效果[J]. 农业工程学报，2015，31（254）：296-303.

[131] 万黎明，余宏明，孔莹，等. 复绿基质客土的水分蒸发试验研究[J]. 工程地质学

报，2017，25（4）：959-967.

[132] 张平. 炭质泥岩路堑边坡生态稳固技术研究[D]. 长沙理工大学，2016.

[133] 叶建军，朱兆华，魏道江，等. 碎砖和陶粒配制的拓展型屋顶绿化基材栽种景天植物对比试验[J]. 水土保持通报，2016，36（5）：151-155.

[134] CHENG W, BIAN Z, DONG J, et al. Soil properties in reclaimed farmland by filling subsidence basin due to underground coal mining with mineral wastes in china[J]. Transactions of Nonferrous Metals Society of China, 2014, 24(8): 2627-2635.

[135] 郭春燕，李晋川，岳建英，等. 安太堡露天煤矿复垦区人工林生态系统健康评价[J]. 西北林学院学报，2017，32（147）：83-90.

[136] 柯凯恩. 基于煤矸石的生态基质制备配方及其肥力特征研究[D]. 北京林业大学，2020.

[137] 谢彬山，朱海丽，李本锋，等. 黄河源区曲流滨河植被空间分布与土壤特性关系研究[J]. 泥沙研究，2019，44（6）：66-73.

[138] BURYLO M，REY F，MATHYS N，et al. Plant root traits affecting the resistance of soils to concentrated flow erosion[J]. Earth Surface Processes and Landforms，2012: 1463-1470.

[139] DOCKER B B，HUBBLE T. Quantifying root-reinforcement of river bank soils by four Australian tree species[Z]. Geomorphology，2008: 401-418.

[140] 贺振昭，党生，刘昌义，等. 青海湖地区草本植物根系力学特性试验研究[J]. 中国水土保持，2017，421（4）：44-48; 69.

[141] 吕渡，杨亚辉，赵文慧，等. 黄土高原沟壑区不同植被对土壤水分分布特征影响[J]. 水土保持研究，2018，25（4）：60-64.

[142] 冯国建，沈凡，王世通. 护坡植物根系分布特征及抗拉强度研究[J]. 重庆师范大学学报（自然科学版），2013，30（2）：115-118.

[143] 赵倩. 不同根系类型组合模式根系生态位及护坡性能研究[D]. 北京林业大学，2020.

[144] 吴鹏，谢朋成，宋文龙，等. 基于根系形态的植物根系力学与固土护坡作用机理[J]. 东北林业大学学报，2014，42（5）：139-142.

[145] 陈潮，张俊云，赵晓黎，等. 植物根系生长形态对边坡浅层稳定性影响数值研究[J]. 长江科学院院报，2017，34（222）：126-130; 135.

[146] 刘艳琦，格日乐，阿如旱，等. 2个生长时期5种植物单根抗拉力学特性比较[J]. 内蒙古农业大学学报（自然科学版），2017，38（6）：25-30.

[147] 刘治兴. 高速公路边坡植物不同生长期防护效果研究[D]. 北京林业大学，2016.

189

[148] VERGANI C, GRAF F. Soil permeability, aggregate stability and root growth: a pot experiment from a soil bioengineering perspective[J]. Ecohydrology,2016: 830-846.

[149] 周云艳. 植物根系固土机理与护坡技术研究[D]. 武汉：中国地质大学，2010.

[150] LI YUNPENG, WANG YUNQI, MA CHAO, et al. Influence of the spatial layout of plant roots on slope stability[J]. Ecological Engineering，2016，91(1): 477-486.

[151] 郑明新，黄钢，彭晶. 不同生长期多花木兰根系抗拉拔特性及其根系边坡的稳定性 [J]. 农业工程学报，2018，34（20）：175-182.

[152] 姚鑫. 植物根系对红粘土边坡的加固效应研究[D]. 合肥工业大学，2017.

[153] 张丞，李绍才，孙海龙，等. 黄荆根系在风化岩石边坡上的锚固研究[J]. 四川建筑，2011，31（3）：84-87.

[154] 张志林. 乔木根系对路堑边坡整体稳定性的影响分析[D]. 哈尔滨工业大学，2020.

[155] 郑力. 植物根系的加筋与锚固作用对边坡稳定性的影响[D]. 重庆：西南大学，2018.

[156] 洪德伟. 晋西黄土区油松根系与土壤的摩擦力学特性研究[D]. 北京林业大学，2019.

[157] 赵东晖，冀晓东，张晓，等. 冀西北地区白桦根系-土壤界面摩擦性能[J]. 农业工程学报，2021，37（3）：124-131.

[158] 韩朝，冀晓东，刘小光，等. 北方 5 种常见乔木根-土摩擦锚固性能研究[J]. 北京林业大学学报，2020，42（9）：80-91.

[159] 曹云生. 冀北山地油松根系固土机制的影响因素研究[D]. 北京林业大学，2014.

[160] GABRIEL K,MARGARETE M,RICARDO M,et al. Determinism and stochasticity in the spatial–temporal continuum of ecological communities: the case of tropical mountains[J]. Ecography, 2021, 44(9): 1-10.

[161] 李淑娟，郑鑫，隋玉正. 国内外生态修复效果评价研究进展[J]. 生态学报，2021，41（10）：4240-4249.

[162] GADI V K, GARG A, RATTAN B, et al. Growth dynamics of deciduous species during their life period: a case study of urban green space in india[J]. Urban Forestry & Urban Greening，2019，43: 126380.

[163] 陈生义，成子桥，彭阿辉，等. 泌桐高速公路生态护坡不同草灌混播 10a 后的植被群落特征[J]. 广西植物，2019，39（6）：768-775.

[164] SCHÖB C, ARMAS C,PUGNAIRE F I. Direct and indirect interactions co-determine species composition in nurse plant systems[J]. Oikos,2013,122(9): 1371- 1379.

[165] 范玉洁，杨中华，邹明哲，等. 长江中下游钢丝网石笼护坡生态恢复效果评价[J]. 水运工程，2021（1）：129-135.

[166] 张旭，陈静，黄波. 黄河下游堤防生态护坡试验与效果评价[J]. 人民黄河，2021，43（6）：46-49；54.

[167] 张舒静. 上海市典型河道生态护岸效果综合评价[J]. 人民长江，2021，52（4）：75-80；123.

[168] 屈月雷，王晨，魏千贺，等. 金龙河入湖口生态堆岛植被恢复效果及其生态适应性评价[J]. 水生态学杂志，2020，41（4）：55-62.

[169] 交通运输部公路科学研究院. 公路土工试验规程：JTG3430—2020[S]. 北京：人民交通出版社有限公司，2020.

[170] 刘文化，杨庆，唐小微，等. 干湿循环条件下不同初始干密度土体的力学特性[J]. 水利学报，2014，45（3）：261-268.

[171] 宣广宇. 加速侵蚀下配置 FRP 筋的高强混凝土梁长期性能退化研究[D]. 镇江：江苏大学，2020.

[172] 张林. 我国发布农用地土壤污染风险管控标准[J]. 农业知识,2018,000(009):18.

[173] 王忠波，张金博，王斌，等. 煤矸石填充对沟道导排水性能和土壤肥力及重金属污染的影响[J]. 农业工程学报，2019，35（24）:297-305.

[174] 水利部. 土工试验方法标准：GB/T 50123—2019[S]. 北京：中国计划出版社，2019.

[175] JIN H F, SHI D M, ZENG X Y,et al. Mechanisms of root-soil reinforcement in bio-embankments of sloping farmland in the purple hilly area,China[J]. Journal of Mountain Science, 2019, 16(10): 2285-2298.

[176] HALES T C, MINIAT C F. Soil moisture causes dynamic adjustments to root reinforcement that reduce slope stability[J]. Earth Surface Processes and Landforms, 2017, 42(5): 803-813.

[177] 中交公路规划设计院有限公司. 公路工程结构可靠度设计统一标准：JTG2120—2020[S]. 北京：人民交通出版社有限公司，2020.

[178] 国家铁路局. 铁路工程结构可靠性设计统一标准：GB50216—2019[S]. 北京：中国计划出版社，2020.

[179] 黄小城. 基于共线性问题的岩质边坡可靠度分析及其工程应用[D]. 重庆大学，2018.

[180] 易梅辉，高文华，向德强，等. 基于流变理论的压力型锚杆锚固段荷载传递机理研究[J]. 应用力学学报，2020，37（4）：1556-1563；1860.

[181] 罗阳明. 喷混植生护坡体系的长期稳定性研究[D]. 成都：西南交通大学，2012.

[182] LI Y P, HU C, JIAN L,et al. Evaluation of the stability of vegetated slopes according to layout and temporal changes[J]. Journal of Mountain Science,2021,18(1): 275-290.

[183] NI J, LEUNG A, NG C, et al. Modelling hydro-mechanical reinforcements of plants to slope stability[J]. Computers and Geotechnics, 2018, 95(1): 99-109.

[184] MUDITHA P, BUDDHIMA I, ANA H, et al. Shear strength of a vegetated soil incorporating both root reinforcement and suction[J]. Transportation Geotechnics, 2019, 18: 72-83.

附录：煤系土浅层边坡玻璃钢纤维增强塑料（GFRP）锚网+植被防护设计方法

Design Method for Glass Fiber Reinforced Plastic（GFRP）Anchor Net +
Vegetation Protection for Shallow Coal-measure Soil Slope

华东交通大学
江西省交通科学研究院有限公司
南昌工程学院
中国矿业大学（北京）
南昌铁路勘测设计院有限责任公司

1 适用条件

玻璃钢纤维增强塑料（GFRP）锚网+植被作为新型支挡结构物，利用 GFRP 锚网的加筋和锚固作用保证易滑移的煤系土浅层边坡在早期稳定，生态修复的木本根系在中后期发挥根系锚固作用最终达到煤系土边坡浅层长期防护的稳定。锚杆位置要求按正多边形或梅花形布置，主要适用以下边坡（滑坡）工程：

（1）潜在滑坡体厚度在 1~3 m 范围，滑动面坡度在 20° 以下浅层滑坡。

（2）滑坡体存在潜在滑动面，滑动面在滑动方向尚未全部贯通，正处于蠕变阶段。

（3）滑坡岩土体主要为黏性土或碎石煤系土介质。

2 设计步骤与方法

（1）通过现场勘测，分析滑坡的原因、性质、范围及发展趋势等，确定滑面处的岩土体参数，并通过分析计算确定合理滑坡推力。

（2）拟定单个 GFRP 锚网+植被结构的内部参数（GFRP 锚杆的直径、锚固段长度、布置数量和间距，GFRP 网的网筋截面尺寸、网格尺寸及木本的布置间距等），成排耦合结构的外部桩间距。

（3）通过试验测定 GFRP 锚网的抗拉强度和与砂浆的黏结强度。

（4）通过试验和结合勘察资料确定客土和土壤容重、泊松比、黏聚力、内摩擦角、土壤肥力。

2.1 滑坡推力计算

在抗滑工程结构设计中，滑坡推力大小直接关系到锚杆的截面尺寸及相关参数，而实际工程中滑坡破坏形式多样和极其复杂；滑坡体处于蠕变、蠕滑、滑移等各个阶段时，滑坡体内部的应力分布也各不相同。

2.1.1 滑坡推力的分布图式

一般认为煤系土浅层边坡滑移可由 3 部分组成，分别是上缘的张拉段、中间的主滑段和下缘的挤压段。上缘的张拉段和下缘的挤压段的滑面简化为弧形，中间的主滑段滑面简化为平行于坡面的直线，如图 1 所示。

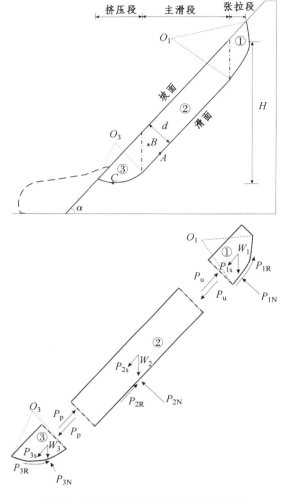

图 1　滑坡模式及土体抗力分布图式

2.1.2　滑坡推力计算方法

本设计采用一种最简单和实用的方法即极限平衡法，具体可查询现有普通边坡工程设计计算规范。

2.2　GFRP 锚网+植被防护参数确定

2.2.1　GFRP 锚网参数

被动锚杆的荷载是由土体的位移激发产生的。被动锚杆由自身的结构来承受土体产生的侧向剪力、弯矩或压力，常用于岩土工程的浅层锚固。基于 GFRP 锚杆的合理性分析，GFRP 锚杆的直径 D_m、锚固段长度 L_{me}、布置数量 m 和间距 S_m，GFRP 网的

网筋截面积 A、网格尺寸 S_1，在计算滑坡推力较大时取上限；围桩的锚固段采用 2/5 ～ 1/2 桩长，围桩的总长根据桩底支在承情况、煤系滑体性质、滑坡推力等综合确定。

2.2.2　GFRP 锚杆长度

通过桩间土拱理论和力学试验确定，锚杆长度主要与浅层岩土体参数、浅层蠕滑深度、滑坡推力大小等因素有关。力学试验也表明：GFRP 锚杆边坡早期防护稳定性主要受到 GFRP 锚杆抗拉强度的影响，同时受到不稳定岩土剪切力的作用，锚杆的退化对边坡稳定性产生影响。GFRP 锚杆长度也可以参考当前滑坡治理中传统锚杆工程实例，经综合比较后最终确定。

2.2.3　GFRP 网参数确定

在植物根系生长的早期阶段，GFRP 锚网植被边坡中的 GFRP 网发挥了较为明显的加筋作用，笔者主要从力学角度分析 GFRP 网的加筋作用。依据摩擦加筋理论可知，GFRP 网加筋坡面基材作用力由两部分组成：由于 GFRP 网和基材土粒的相互错动趋势而产生的摩阻力、GFRP 网对基材土粒的咬合力。下面分别就这两部分进行力学分析。

1. 摩擦性能研究

由摩擦加筋原理可知，边坡表面的 GFRP 网与基材之间相互作用产生的摩阻力抵抗基材的自重或外力产生的下滑力，从而增强边坡的表层稳定性。

提高 GFRP 网与基材稳定性的措施为：一方面，提高 GFRP 网的初始抗拉强度；另一方面，通过提高 GFRP 网与基材的摩擦系数、减少 GFRP 网容重和基材容重，降低两者之间的相对滑移量或防止 GFRP 网滑落。可通过提高基材性质，减小网格长度，增加宽度、表面粗糙度和埋深来提高 GFRP 网咬合性能。

2. 咬合性能研究

GFRP 网与基材之间不仅有相互作用的摩阻力，还有 GFRP 网埋设在基材之中的咬合作用，这种咬合作用增加了两者界面的黏聚力。

2.2.4　草本根系黏聚力

植物对坡体稳定性的提高主要体现在植物根系的加筋和锚固作用。草本植物根系主要为须根，木本植物根系主要为较粗、较深的主根与较细的侧根。植物根系对土体加固主要体现在草本须根和木本侧根的加筋作用，以及木本植物主根的锚固作用。黏聚力可以根据根土复合体的抗剪试验确定。

2.2.5　木本根系

木本植物主根固土关键在于根与土的界面黏结强度，界面黏结强度与根系的直径呈线性关系，可通过抗拔试验得出根系的黏结强度和测量根系的深度。

2.3　GFRP 锚网+植被防护内力计算

2.3.1　GFRP 锚杆退化模型

锚杆根据弹塑性理论的剪应力与剪切位移满足"二线型"关系（图 2），GFRP 锚杆在塑性阶段的轴应力 $\sigma(x,t)$、剪应力 $\tau(x,t)$ 和界面滑动位移 $\Delta L(x,t)$ 分布表达式

$$
\begin{cases}
\sigma_2(x,t) = \dfrac{2\sinh\delta x}{\sqrt{(1-\eta)}\kappa D_{\mathrm{m}}\sinh[\delta(L_{\mathrm{ms}}-L_{\mathrm{ma}})]}\left\{\begin{array}{l}\dfrac{\sqrt{(1-\eta)}\kappa}{\delta}\cos[\sqrt{(1-\eta)}\kappa(x-L_{\mathrm{ms}}+L_{\mathrm{ma}})]\tanh\left[\delta(L_{\mathrm{ms}}-L_{\mathrm{ma}})\right]+\\ \cos[\sqrt{(1-\eta)}\kappa(x-L_{\mathrm{ms}}+L_{\mathrm{ma}})]\end{array}\right\}\tau_{m0}\mathrm{e}^{-\frac{t}{\Gamma_{\mathrm{m2}}}} \\[4mm]
\tau_2(x,t) = \left\{\dfrac{\sqrt{(1-\eta)}\kappa}{\delta}\sin[\sqrt{(1-\eta)}\kappa(x-L_{\mathrm{ms}}+L_{\mathrm{ma}})]\tanh[\delta(L_{\mathrm{ms}}-L_{\mathrm{ma}})]+\sin[\sqrt{(1-\eta)}\kappa(x-L_{\mathrm{ms}}+L_{\mathrm{ma}})]\right\}\tau_{m0}\mathrm{e}^{-\frac{t}{\Gamma_{\mathrm{m2}}}} \\[4mm]
\Delta L_{\mathrm{m2}}(x,t) = \dfrac{\sin[\sqrt{(1-\eta)}\kappa(x-L_{\mathrm{ms}}+L_{\mathrm{ma}})]\tanh[\delta(L_{\mathrm{ms}}-L_{\mathrm{ma}})]}{\sqrt{(1-\eta)}\delta}-\dfrac{\cos[\sqrt{(1-\eta)}\kappa(t-L_{\mathrm{ms}}+L_{\mathrm{ma}})]}{1-\eta}
\end{cases}
$$

（1）

塑性阶段的有效锚固长度为：

$$
L_{\mathrm{me}} = L_{\mathrm{ma}} + \frac{1}{2\sqrt{\dfrac{K_{\mathrm{S1}}}{E_{\mathrm{b}}D_{\mathrm{m}}}}}\ln\frac{\sqrt{\dfrac{G_{\mathrm{S1}}}{E_{\mathrm{b}}D_{\mathrm{m}}}}+\sqrt{\dfrac{G_{\mathrm{S2}}}{E_{\mathrm{b}}D_{\mathrm{m}}}}\sqrt{(1-\eta)}\tan\left(L_{\mathrm{ma}}\sqrt{\dfrac{(1-\eta)G_{\mathrm{S2}}}{E_{\mathrm{b}}D_{\mathrm{m}}}}\right)}{\sqrt{\dfrac{G_{\mathrm{S1}}}{E_{\mathrm{b}}D_{\mathrm{m}}}}-\sqrt{\dfrac{G_{\mathrm{S2}}}{E_{\mathrm{b}}D_{\mathrm{m}}}}\sqrt{(1-\eta)}\tan\left(L_{\mathrm{ma}}\sqrt{\dfrac{(1-\eta)G_{\mathrm{S2}}}{E_{\mathrm{b}}D_{\mathrm{m}}}}\right)}
$$

（2）

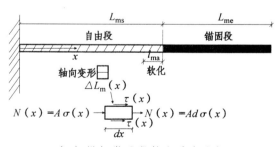

（a）锚杆微元段轴向受力分析

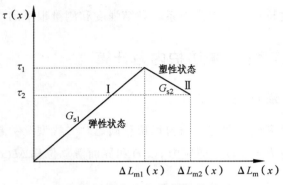

（b）锚杆剪应力与剪位移的关系

图 2　锚杆的受力示意图

2.3.2　木本植物锚固增强模型

通过抗拉试验发现木本植物的主根直径较大，根系存在拉脱现象。木本植物主根固土的关键在于根与土的界面黏结强度，界面黏结强度与根系的直径呈线性关系，即

$$\tau_{si} = f_r \gamma_s D_{ri} \tag{3}$$

式中：τ_{si} 为根从土壤中拔出的黏结强度（kPa）；

　　　D_{ri} 为根系有效直径（mm）；

　　　f_r 为界面摩擦系数，与根系的抗拉强度和土壤的接触特性有关；

　　　γ_s 为土体的容重（kN/m³），与埋置深度有关。

土体的容重 γ_s 与土的含水率和密度等有关，即

$$\gamma_s = \rho g = \rho_d (1+\theta) g \tag{4}$$

式中：ρ_d 为土壤的干密度（kg/m³）；

　　　θ 为土壤的含水率；

　　　g 为重力加速度（cm/s²）。

木本植物的主根垂直插入土体深处，对土体起到锚固作用，故主根的锚固抗拉力 P_{ri} 为：

$$P_{ri} = L_{ri} \times \pi D_{ri} \times \tau_{si} \tag{5}$$

式中：L_{ri} 和 D_{ri} 为第 i 根的垂直深度和有效直径（mm）；

　　　τ_{si} 为第 i 根从土壤拔出的黏结强度（kPa）。

假设主根为圆柱体的刚性材料，木本植物主根生长深度和直径相同，边坡的木本植物数为 n。由式（6.25）～式（6.27）可得边坡不同生长时间的木本植物主根可提供的锚固抗拉力为：

$$P_r(t) = \sqrt{a\pi g \kappa_1 (1 - e^{-\kappa_2 t})^{\kappa_3}} \times f_r \rho_d (1+\theta) \times n^{3/2} \times \psi \sum_{i=1}^{N_z} d_i^2 \qquad (6)$$

2.3.3 基本假定

（1）边坡浅层为均匀土质。

（2）入渗土体按含水率划分为暂态饱和区、过渡区和未湿润区 3 部分，暂态饱和区和过渡区深度各占湿润锋的一半。

（3）暂态饱和区径流的水力坡降与斜坡坡降相等。

2.3.4 入渗模型建立

由图 3 可知，边坡的长度为 B，坡度为 α，高度为 H，基材厚度为 h_1，基材和全风化厚度之和为 h_2。该边坡不会发生深层滑坡，可能沿着浅层潜在滑面（基材层、全风化煤系土层和湿润锋）发生平行于坡面的滑移破坏。

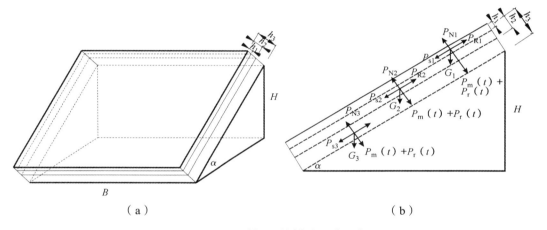

图 3　GFRP 锚网+植被的受力分析

根据第 3 章的改进 Green-Ampt 模型的假定，假设暂态饱和区的水力传导性在暂态饱和区的各土层内均匀分布，可得到强降雨入渗各层湿润锋。

当湿润锋位于基材层中时，雨水入渗时间 t 小于达到基材底的时间 t_1，根据达西定律得到基材层的湿润锋 Z_f 为：

$$\begin{cases} Z_f = \dfrac{2H}{\tan\alpha} - e^{\ln\left(\frac{2H}{\tan\alpha}\right) - \frac{4q\sin\alpha}{H(4+\pi)(\theta_{1f}-\theta_{1o})}t} & 0 \leqslant t \leqslant t_p \\[4mm] Z_f = 2\sqrt{\dfrac{H\left[e^{\frac{4k_{1s}(\theta_{1f}-\theta_{1o})\sin\alpha}{(4+\pi)H}(t-t_p)+\ln 2S_{1f}} - 2S_{1f}\right]}{\sin\alpha}} + Z_p & t > t_p \end{cases} \qquad (7)$$

式中：θ_{1f} 为基材饱和含水率；

θ_{1o} 为基材天然含水率；

k_{1s} 为基材的渗透系数；

S_{1f} 为基材的基质吸力水头。

当湿润锋位于全风化层中时，全风化煤系土层的湿润锋 Z_f 为：

$$
\begin{cases}
Z_f = h_1 + \dfrac{2H}{\tan\alpha} - e^{\ln\left(\frac{2H}{\tan\alpha}\right) - \frac{4q\sin\alpha}{H(4+\pi)(\theta_{2f}-\theta_{2o})}(t-t_1)} & t_1 \leqslant t \leqslant t_p \\[3mm]
Z_f = h_1 + 2\sqrt{\dfrac{H\left[e^{\frac{4k_{2s}(\theta_{2f}-\theta_{2o})\sin\alpha}{(4+\pi)H}(t-t_p-t_1)+\ln 2S_{2f}} - 2S_{2f}\right]}{\sin\alpha}} + Z_p & t > t_p
\end{cases}
\tag{8}
$$

式中：θ_{2f} 为基材饱和含水率；

θ_{2o} 为基材天然含水率；

k_{2s} 为基材的渗透系数；

S_{2f} 为基材的基质吸力水头。

以此类推，可以得到湿润锋位于第 i 层内时，湿润锋为：

$$
\begin{cases}
Z_f = h_1 + \cdots + h_{i-1} + \dfrac{2H}{\tan\alpha} - e^{\ln\left(\frac{2H}{\tan\alpha}\right) - \frac{4q\sin\alpha}{H(4+\pi)(\theta_{if}-\theta_{io})}(t-t_{i-1})} & t_{i-1} \leqslant t \leqslant t_p \\[3mm]
Z_f = h_1 + \cdots + h_{i-1} + 2\sqrt{\dfrac{H\left[e^{\frac{4k_{is}(\theta_{if}-\theta_{io})\sin\alpha}{(4+\pi)H}(t-t_{i-1}-t_1)+\ln 2S_{if}} - 2S_{if}\right]}{\sin\alpha}} + Z_p & t > t_p
\end{cases}
$$

$$
\tag{9}
$$

式中：θ_{if} 为第 i 层饱和含水率；

θ_{io} 为第 i 层天然含水率；

k_{is} 为第 i 层的渗透系数；

S_{if} 为第 i 层的基质吸力水头。

2.4 不同时间锚杆与根系锚固力模型建立

假设木本植物主根提供的锚固法向拉力为 $P_r(t)$，GFRP 锚网提供的锚固法向拉力为 $P_m(t)$。在降雨作用下，暂态饱和区存在平行于坡面的渗透力。根据图 3（b），由力的平衡原理可知基材层、全风化煤系土层和湿润锋的安全系数为：

（1）基材层：

体积 $V_1 = \dfrac{H}{\sin\alpha}Bh_1$，重力 $W_1 = \dfrac{H\gamma_{1sat}}{\sin\alpha}Bh_1$，渗透力 $P_1 = \dfrac{H}{\sin\alpha}B\gamma_w Z_f$

下滑力 $P_{s1} = W_1\sin\alpha + P_1 = HBh_1\left(h_1\gamma_{1sat} + \dfrac{\gamma_w}{\sin\alpha}Z_f\right)$

抗滑力 $P_{R1}(t) = [W_1\cos\alpha + P_r(t) + P_m(t)]\tan\varphi_1$

安全系数 $F_S(t) = \dfrac{P_{R1}(t)}{P_{s1}} = \dfrac{[W_1\cos\alpha + P_r(t) + P_m(t)]\tan\varphi_1}{HBh_1\left(h_1\gamma_{1sat} + \dfrac{\gamma_w}{\sin\alpha}Z_f\right)}$ （10）

（2）全风化煤系土层：

体积 $V_2 = \dfrac{H}{\sin\alpha}Bh_2$，重力 $W_2 = \dfrac{HB}{\sin\alpha}[\gamma_{1sat}h_1 + \gamma_{2sat}h_2(t) - \gamma_{2sat}h_1]$，渗透力 $P_2 = \dfrac{H}{\sin\alpha}B\gamma_w Z_f$

下滑力 $P_{s2} = W_2\sin\alpha + P_2 = HB\left[\gamma_{1sat}h_1 + \gamma_{2sat}h_2 - \gamma_{2sat}h_1 + \dfrac{Z_f}{\sin\alpha}\right]$

抗滑力 $P_{R2}(t) = [W_2\cos\alpha + P_r(t) + P_m(t)]\tan\varphi_2$

安全系数 $F_S(t) = \dfrac{P_{R2}(t)}{P_{s2}} = \dfrac{[W_2\cos\alpha + P_r(t) + P_m(t)]\tan\varphi_2}{W_2\sin\alpha + P_2}$ （11）

（3）湿润锋：

体积 $V_f = \dfrac{H}{\sin\alpha}Bh_f$，重力 $W_f = \dfrac{HB\gamma_{isat}Z_f}{\sin\alpha}$，渗透力 $P_f = \gamma_w Z_f\dfrac{H}{\sin\alpha}B$

下滑力 $P_{sf} = W_f\sin\alpha + P_f = HB\gamma_{isat}Z_f + \dfrac{H}{\sin\alpha}B\gamma_w Z_f$

抗滑力 $P_{Rf}(t) = [W_f\cos\alpha + P_r(t) + P_m(t)]\tan\varphi_i$

安全系数 $F_S(t) = \dfrac{P_{Rf}(t)}{P_{sf}} = \dfrac{[W_f\cos\alpha + P_r(t) + P_m(t)]\tan\varphi_i}{W_f\sin\alpha + P_f}$ （12）

式中：γ_w 为水的重度（kN/m³），

γ_{1sat} 为基材层的饱和容重（kN/m³），

γ_{2sat} 为全风化层的饱和容重（kN/m³）。

3 个潜在滑面所需的临界锚固力分别为：

$$\begin{cases} P'_{m+r}(t=t_1) = \dfrac{F_s(t_1)(W_1\sin\alpha + P_1)}{\tan\varphi_1} - W_1\cos\alpha & \text{基材层} \\[3mm] P''_{m+r}(t=t_2) = \dfrac{F_s(t_2)(W_2\sin\alpha + P_2)}{\tan\varphi_2} - W_2\cos\alpha & \text{全风化层} \\[3mm] P'''_{m+r}(t=t_f) = \dfrac{F_s(t_3)(W_f\sin\alpha + P_f) - c_i}{\tan\varphi_i} - W_f\cos\alpha & \text{湿润锋} \end{cases} \quad (13)$$

随着时间的增加，GFRP 锚网植被护坡结构中 GFRP 锚网对边坡加固作用出现退化，而植物根系对边坡加固作用增强，两者此消彼长。由式（6.50）可得到 GFRP 锚杆法向拉力 $P_m(t)$ 与木本植物主根法向拉力 $P_r(t)$ 之和大于或等于临界锚固力 $P_{m+r}(t)$ 才能保证边坡的安全，即：

$$P_r(t) + P_m(t) \geqslant \frac{F_s\left(W_i + \dfrac{HB}{\sin\alpha}P_i\right)}{\tan\varphi_i} - W_i\cos\alpha \quad (14)$$

GFRP 锚网的锚固力退化和木本植物根系的锚固力增加可由图 4 表示。

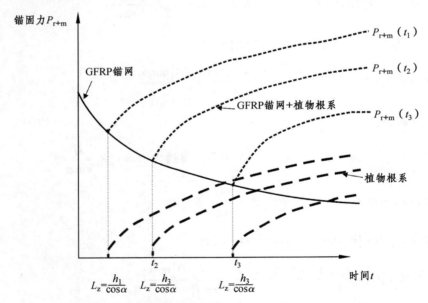

图 4　GFRP 锚网植被护坡结构在不同时间的受力示意图

GFRP 锚网的锚固力随着时间的增加而减小，木本植物根系的锚固力在根系达到界面后随着时间的增加而增加。两者锚固力之和随着时间的增加呈先减小后增大的过程，分别存在最低的锚固临界点，需要保证浅层潜在临界滑面（基材层、全风化层和湿润锋）的锚固力。边坡的稳定性主要由 GFRP 锚网结构和植物根系的法向拉力提供的，假定单个 GFRP 锚杆和木本植物主根提供的法向拉力分别为 $P_{ri}(t)$、$P_{mi}(t)$，即：

202

$$\begin{cases} P_{\mathrm{m}i}(t) = \dfrac{P_{\mathrm{m}}(t)}{m} \\[3mm] P_{\mathrm{r}i}(t) = \dfrac{P_{\mathrm{r}}(t)}{n} \end{cases} \tag{15}$$

式中：m 为边坡中需要 GFRP 锚杆的数量；

n 为边坡中需要木本植物根系的数量。

对于 3 个潜在滑面的所需临界锚固法向拉力分别为：

$$mP_{\mathrm{m}i}(t) + nP_{\mathrm{r}i}(t) = \frac{F_{\mathrm{S}}\left(W_i + \dfrac{HB}{\sin\alpha}P_i\right)}{\tan\varphi_i} - W_i\cos\alpha \tag{16}$$

由式（13）可知，$P_{\mathrm{m}i}(t)$ 值受锚杆锚固段与围岩的初始握裹力及初始黏结摩阻力影响，以及 GFRP 锚网锈蚀老化的影响。

2.5 GFRP 锚网植被护坡结构设计流程

GFRP 锚网植被护坡结构设计主要对以下几个参数进行确定：GFRP 锚杆的直径 D_{m}、锚固段长度 L_{me}、布置数量 m 和间距 S_{m}，GFRP 网的网筋截面积 A、网格尺寸 S_1，草本植物的根系密度、木本的布置间距 n。根据前面的理论分析，可以提出 GFRP 锚网植被护坡技术的设计步骤为：

（1）收集资料和现场调研。收集边坡防护地区的水文气象和地质构造资料，开展现场调研和试验，确定历年降雨强度，边坡长度 B、坡度 α、高度 H，拟设的基材厚度 h_1。

（2）确定客土和土壤的基本物理、营养成分和力学参数。通过试验并结合勘察资料，确定客土和土壤的容重 γ_{1s}（γ_{2s}）、泊松比 μ_1（μ_2）、黏聚力 c_1（c_2）、内摩擦角 φ_1（φ_2）和肥力，确定不同生长时间根系根土面积比 RAR、主根的直径 D_{r} 和生长深度 L_{r}、根-土静摩擦系数 f_{r}。

（3）GFRP 锚网的物理力学测定。通过试验测定 GFRP 锚网的抗拉强度 σ_{ms} 和与砂浆的黏结强度 τ_{m}。

（4）根据边坡的重要程度，确定防护边坡安全等级和安全系数 F_{S}，并计算不同降雨强度下所需的总锚固力 $P_{\mathrm{r+m}}(t)$。

（5）GFRP 锚网确定。根据 GFRP 网加筋理论计算 GFRP 网的网筋截面宽度 a_{g} 和厚度 b_{g}、网格长度 S_1。在初步选定 GFRP 锚杆直径的基础上，计算锚杆的锚固段长度 L_{me} 和布置数量 m，最终确定边坡 GFRP 锚杆的布置形式和间距。

（6）植物根系和基材用量确定。根据试验和计算确定木本植物间距 n、最低的草木播种比以及边坡基材用量。

GFRP 锚网植被护坡技术流程如图 5 所示。

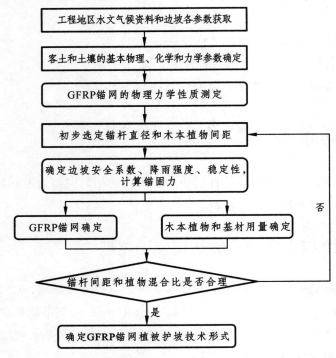

图 5　GFRP 锚网植被护坡技术流程